湛庐 CHEERS

与最聪明的人共同进化

HERE COMES EVERYBODY

CHEERS
湛庐

丈量世界的
7种方式
Le 7 misure
del mondo

[意] 皮耶罗·马丁　著
PIERO MARTIN

黄　鑫　万晟彤　译

浙江科学技术出版社·杭州

扫码加入书架
领取阅读激励

扫码获取全部测试题及答
案，一起了解计量如何助力
科学的发展

你了解计量的发展之路吗？

- 在文明的曙光初现之际，人类最先依赖的计量工具是普遍可用的东西，它是（　　）

  A. 树枝

  B. 石头

  C. 手臂、腿、手等人体部分

  D. 动物骨头

- 自文明诞生以来，人类社会就需要共享计量过程，这是因为人类需要通过计量与自己的同类进行（　　）

  A. 炫耀

  B. 竞争

  C. 互动

  D. 交易

- "克拉"现用于测量宝石的质量，但其实最早它被用于测量以下哪种作物？（　　）

  A. 玉米

  B. 小麦

  C. 角豆种子

  D. 大豆

扫描左侧二维码查看本书更多测试题

献给亦师亦友的保罗

丈量，与人类文明共同发祥

　　1960 年 8 月 17 日，夜间气温已降至 10℃
以下，坐落在德国汉堡大自由街 64 号的因陀罗
音乐俱乐部（Indra Musikclub）的大门还照常
开着。在这个夏天即将结束的时候，"猫王"埃
尔维斯·普雷斯利（Elvis Presley）凭借《机
不可失，时不再来》（It's now or never）在全
球流行音乐乐坛上大放异彩；而在德国，达琳达
（Dalida）用德语翻唱了伊迪丝·琵雅芙（Édith
Piaf）一年前推出的歌曲《英国绅士》（Milord），
同样大获成功。

此时，那些正等在因陀罗音乐俱乐部门外的青年男女肯定没有想到，他们即将见到的这支不知名的乐队将彻底改变音乐世界。百代唱片公司（Electric and Musical Industries）的高管也没有意识到这几位年轻的乐队成员会对其公司产生巨大影响。1931 年，哥伦比亚留声机公司（Columbia Graphophone Company）与英国留声机公司（Gramophone Company）合并，百代唱片公司由此在伦敦成立，并在音乐行业中担任了重要角色。这里不得不提一下英国留声机公司的著名商标——"他主人的声音"（His Master's Voice），该商标图案为一只小狗，正在侧耳倾听一架留声机发出的声响。百代唱片公司的一位工程师艾伦·布鲁姆莱茵（Alan Blumlein）于 1931 年为立体声录音和声音再现技术申请了发明专利。

到了 20 世纪 60 年代，百代唱片公司不仅在唱片生产领域获得了成功，还在电子领域展开了如火如荼的研究工作。但当 1960 年 8 月 17 日，约翰·列侬（John Lennon）、保罗·麦卡特尼（Paul McCartney）和乔治·哈里森（George Harrison）开始为百代唱片公司工作时，事情发生了转变。当时哈里森、麦卡特尼、列侬，以及后来被林戈·斯塔尔（Ringo Starr）取代的皮特·贝斯特（Pete Best）和斯图尔特·萨特克利夫（Stuart Sutcliffe）刚创建甲壳虫乐队不久，他们的第一个海外演出地是德国。这场演出持续了 48 个夜晚，而甲壳虫乐队的热度一直持续了 9 年，直到他们在伦敦萨维尔街 3 号大楼的屋顶上举行最后一场音乐会——这 9 年是一个时代。

第二次世界大战结束后，百代唱片公司开始将电子产品从军用领域向民用领域转移。不过，百代唱片公司经济上的成功主要来自 20 世纪五六十年代摇滚乐和流行音乐的爆炸式发展。收购美国国会唱片公司（American Capitol Records）、旗下艺术家的成功，特别是 1962 年与甲壳虫乐队签约，这些为百代唱片公司带来了巨大声誉和可观收入。在百代唱片公司的研究人员在 20 世纪 60 年代从事的研究项目中，有一个致力于研究医学领域计算机断层扫描技术的前沿项目，也就是大家熟知的 CT 扫描。现在，它仍是医学领域用于获取人体内部清晰图像的基本工具。

CT 扫描机的研发最早是由工程师戈弗雷·亨斯菲尔德（Godfrey Hounsfield）在百代唱片公司的实验室里完成的，他在研究中采用了南非物理学家艾伦·科马克（Allan Cormack）的理论成果，两人于 1979 年获得了诺贝尔生理学或医学奖。

很长一段时间以来，有传言称甲壳虫乐队为这一重要诊断工具的诞生做出了根本性贡献（并非甲壳虫乐队所言），即百代唱片公司把从他们的歌曲中所获的丰厚收益中的一小部分用于资助 CT 扫描研究。事实上，加拿大科学家泽夫·迈兹林（Zeev Maizlin）和帕特里克·沃斯（Patrick Vos）于 2012 年在《计算机辅助断层扫描杂志》（*Journal of Computer Assisted Tomography*）上发表的一篇文章中说道，百代唱片公司对 CT 扫描项目的资金支持远低于英国政府提供的财政支持。但甲壳虫乐队对现代文化做出的贡献是不可否认的。

人类生活离不开计量

有证据表明，多亏了百代唱片公司的实验室，今天我们才会拥有这种不可替代的医学诊断工具。CT 扫描每天都在为拯救生命做出贡献，这个工具是一种可以发射能穿透人体的 X 射线的装置，然后计算机通过数据处理重建清晰的医学影像。CT 扫描可以为我们提供个人身体信息，体温、血压、心率的测量也是如此。这些测量都是将一个或一组数字与一个物理量联系起来，与某种现象、大自然的某一方面或我们所处的这个世界的某方面特性联系起来，并且都可以得到客观的数值。而我们可以借助适当的仪器，将要讨论的物理量与匹配的计量单位组合，并对数值进行比较。以测量体温为例，它使用的仪器是温度计，计量单位为摄氏度。

人类总是在计量世界，通过计量以了解世界、探索世界，以生活、交往、给予和索取。只要想想时间的尺度及其与生命的关系，就知道：**自古至今计量一直与人类的生活交织在一起，它与自然及超自然紧密地联结在一起。而人类计量世界是为了了解过去、理解现在和规划未来。**

人类用智慧创造工具，并有选择地进行测量。自然界有很多周期性发生的现象，比如昼夜交替、季节循环；也有形状和质量特别规则的物体，比如角豆种子。人类发挥聪明才智制作了可用于测量上述现象与物体的日晷、天平和米尺。当然，**即使没有人类的测量，大自然也运转自如。**

人体作为计量标准

在文明的曙光初现之际，人类最先依赖的计量仪器是普遍可用的东西，比如每个人都有的手臂、腿、手、脚等，尽管每个人的身体略有不同，但大体相似：在世界任何地方，一个成年人的5拃^①大约都是1米。因此，与身体部位相关的计量单位无处不在。例如，肘尺是肘尖到指尖之间的距离，长度大约半米，在地中海盆地的众多文化中曾被广泛使用，包括埃及人、犹太人、苏美尔人、拉丁人和古希腊人；中国、古希腊和拉丁文化中也都可以找到以脚为尺度计量长度的例子；古罗马用"步"作计量单位，1 000罗马步为1罗马英里（milia passuum）。建筑师维特鲁威在罗马这座永恒之城写下了《建筑十书》，这是一部有关建筑的百科全书式著作。在此书第三卷的第一章中，维特鲁威谈到了对称性："神庙的设计取决于其对称性，建筑师必须高度重视对称性原则，且比例决定一切。"同时，维特鲁威将对称性与人体的比例联系起来："因为人体就是这样由大自然设计的，比如，从下颌到头顶的面部长度和从头顶到发际线最下端的距离是身高的1/10；脚长是身高的1/6，前臂为身高的1/4，胸部的宽度也是身高的1/4。其他身体部位也有它们的对称比例，正因为遵循了这些比例，那些古代画家和雕塑家的作品才能流芳百世。"

保存在威尼斯学院美术馆（Gallerie dell' Accademia di Venezia）

---

① 拃（zhǎ），张开拇指和中指（或小指）两端间的距离为1拃。——编者注

的达·芬奇最著名和标志性的画作之一《维特鲁威人》就取名自维特鲁威。在此必须说明，威尼斯学院美术馆在其网站上明确指出，达·芬奇这画也受到了莱昂·巴蒂斯塔·阿尔伯蒂（Leon Battista Alberti）和欧几里得的启发。德国人雅各布·科贝尔（Jacob Köbel）几乎与达·芬奇同时提出了以人体定义计量标准的问题，并组织了 16 名成年男子，让他们在星期天早上从教堂出来时，脚挨着脚地纵列对齐，以确定一个长度单位。他称其为 rood，源自类似的德国单位 Rute，即当时古罗马使用的长度单位"杆"。

历史上统一计量体系的努力

人有其社会性，可以通过计量与自己的同类进行互动。因此，自人类文明诞生以来，人类社会就需要共享计量过程，这是群体逐步扩展和更加结构化的强大黏合剂。于是建立一种超越当地社区狭窄边界的计量体系的需求自然就出现了，过去的伟大文明——古埃及文明、古巴比伦文明、古希腊文明及拉丁文明，都对统一计量给予了极大关注，这绝非巧合。公元前 1850 年，古埃及法老塞索斯特里斯三世精心设计了一套测量尼罗河两岸可耕地面积的系统，以便有效征收税款；卢浮宫保存的一座著名雕像——拉格什的苏美尔国王古迪亚手中拿着一把米尺；古罗马道路上的里程石标明了该处到古罗马首都的距离；正义女神忒弥斯是手持天平和长剑的形象。**而计量本身及把它变得普适的能力都是权力的象征，它们也能够带来人与人之间的归属感与信任。**

古迪亚国王把米尺放在膝上；古埃及人相信神明会用天平称量死者的心脏，并决定他们死后的命运；在威尼斯共和国的市场里随处可见一种石碑，该石碑的长度是测量各种待出售鱼类所需的最小长度。即使在现代，计量单位的标准器具，例如米或千克的样本，也保存在各国或地区的中心城市。计量标准是权力的象征，也是相互信任的象征。正是由于有我们信任的机构保留的标准器具，当我们按照质量或长度购买东西时，才会觉得没有随身携带计量仪器的必要。不过说实在的，当办理登机手续、被告知随身包太重不能作为手提行李登机时，我们所有人都会希望那个秤坏了。

计量制度是反映历史事件的一面镜子。随着古罗马帝国的衰落，欧洲进入了黑暗的中世纪，各地的社会与政治衰退在计量体系的逐步瓦解和地方化上也有明显体现。而在更大范围内统一计量体系的努力总是伴随着意义深远的历史时刻或历史事件，查理大帝就曾尝试过统一计量体系，但没有成功。几个世纪后，英国《大宪章》就为贸易的体积、长度和质量制定了规则，其中第 36 条写道："全国应有统一的计量制度。酒类、烈性麦酒与谷物之量器，以伦敦夸脱为标准；染色布、土布、锁子甲之宽度应以织边以内两码为标准；其他衡器亦如量器之规定。"

计量当然不仅仅是西方文明的特权。正如罗伯特·克雷斯（Robert Crease）于 2012 年由美国诺顿出版公司出版的《平衡中的世界》（*World In the Balance*）一书中所述，中国的计量制度早在公元前 2000 年之前就已出现。统一中国的第一位皇帝秦始皇颁布的第一批法令中就有统一度量衡的规定。克雷斯还描述了非洲西海岸阿坎族的称重系统的发展，该称重系统将小型雕塑作为砝码，自 14 世纪以来一直用于金粉交易。

法国大革命与计量单位的统一

到了 17 世纪，伴随科学革命和随之而来的科学方法的传播，以及 18 世纪的法国大革命，历史迎来了统一计量单位的两个关键阶段。现代科学方法建立在实验、观察和可重复性的基础上。不管是为了对实验进行描述，或是想要从中推导出新的理论，甚至是验证或反驳现有理论，我们都需要一种通用语言，即计量语言。法国大革命建立在民主思想和反对专制统治的精神上。在一个以各派利益为主导的社会中，自由、平等、博爱无法得到滋养，这也导致了计量制度的不透明性和混乱性。据估计，那时法国有上万种不同的计量单位，这让属于管理者的少数群体能够从混乱中获益，而大多数普通人只能被迫使用它们。

大革命需要统一、普适的计量制度。大革命前的法国对此已备感迫切，孕育统一计量单位的土壤已经相当丰厚。在 1789 年法国国王路易十六紧急召开的三级会议上，要求统一和监控计量单位的改革请愿书频繁地出现。特别是对第三等级的资产阶级和农民来说，计量关乎劳动和生计，因此，裁缝要求"整个王国都采用统一的质量和尺寸"，而铁匠要求"统一质量、统一尺寸、统一标准"，由此可见人们对统一计量单位的需求。

18世纪最后10年，公制终于在巴黎诞生，当时有6个单位被确立下来：米为长度单位；公亩为面积单位；立方米为体积单位；升为液体体积单位；克为质量单位；法郎为货币单位。其中，克（千克）和米作为基本单位至今仍在使用，这也是法国大革命的成果。1791年3月30日，法国国民议会将长度单位标准定义为通过巴黎的子午线从地球赤道到北极点的距离的千万分之一。虽然理论应当即刻应用于实践，但习惯却一时难改，法国前首相弗朗索瓦·基佐（Fransois Guizot）花了将近半个世纪才颁布了一项法律，法国于1837年正式采用公制。

法国大革命后，统一世界计量标准的呼声在国际上迅速扩展开来：1875年5月20日，17个国家在法国巴黎签署了《米制公约》（Convention du Mètre），并依据该公约成立了旨在共同处理与计量单位相关事项的国际计量局（BIPM）。从那一刻起，世界性的计量工作开始了。现在，许多国家都有自己的官方计量机构。意大利的国家计量研究所（INRIM）设在都灵，履行着国家计量机构的职能。

国际单位制的确立

1960年10月10日所在的这一星期发生了两件大事。一件发生在1960年10月15日的汉堡基什纳利57号，这天是星期六。列侬、麦卡特尼、哈里森和斯塔尔在阿库斯蒂克录音棚（Akustik Studio）录制了他们的第一张唱片，并演奏了乔治·格什温（George Gershwin）的经典作品《夏日时光》（Summertime）。另一件发生在 1960 年 10 月 12 日（星期三），在巴黎举行的第十一届国际计量大会（CGPM）上确定了国际单位制（SI），这是第一个真正意义上的国际通用计量单位体系。至此，漫长而崎岖的计量发展道路上出现了一个具有深远意义的里程碑。那时世界正处在冷战中，国家间的边界变得更加严苛，而计量的边界却被打破了。尽管可能有许多普通人认为前文提及的第一个事件对社会的影响更大，但事实上，正是第二个事件彻底改变了我们与世界的对话方式。

国际单位制最初由 6 个计量单位组成：米（m）表示长度、千克（kg）表示质量、秒（s）表示时间、安培（A）表示电流、开尔文（K）表示温度、坎德拉（cd）表示光强。但最终的国际单位制有 7 个计量单位，因为 1971 年摩尔（mol）作为物质的量的基本计量单位加入了国际单位制。**至此，一种通用和完整的计量语言被正式确定下来，它不仅可以计量我们生活中的物质，而且可以计量整个自然，从最隐秘的次原子粒子上的小坑到最广阔的宇宙边缘。**

在现代社会，科学技术根本不可能离开计量单独存在。没有计量仪器的 21 世纪文明是不可想象的。时间、长度、距离、速度、方向、质量、体积、温度、压强、力、能量、光强、功率，这些仅仅是日常精确计量的物理参数中的一部分。

　　计量是一种我们通常认为理所当然、毫不稀奇的日常行为，它已经渗透到我们生活中的方方面面，一旦计量仪器不起作用或无法使用，我们就会意识到计量的重要性。如果没有时间计量，就不会有时钟和早上的闹钟；如果没有体积计量，我们就不会知道车里还剩多少汽油；如果没有长度或速度计量，火车和飞机就无法正常运行；如果没有各项身体指标的计量，我们的健康就会受到疾病的威胁；如果没有电力计量，任何电子设备都无法正常工作。

　　自法国大革命定义十进制以来，科学技术取得了巨大进步。如今，我们拥有海量的高精度计量工具可用于验证新理论的准确性，例如希格斯玻色子的测量或对引力波的探测。高精度计量是未来诺贝尔奖获得者的必经之路，也是所有科学领域的尖端研究不可或缺的部分。它们使我们得以抗击病毒，也使天上的卫星和口袋里的智能手机等现代设备得以发挥作用。

以自然为准，国际基本计量单位的新定义

　　7 个国际基本计量单位是以国际单位制为基础，其定义均来源于自然物体或现象，即所有人都可以获得的东西。例如我们提到过的，"米"最初被定义为通过巴黎的子午线从地球赤道到北极点的距离的千万分之一。但出于实际操作的原因，1889 年"米"被重新定义为一根铂杆上两条刻线之

间的距离。该国际米原器一直存放在位于塞夫尔的国际计量局，作为世界上所有"米"的长度标准。

"秒"的最初定义为地球自转周期（即平均太阳日）的一定比例。不过，1960 年，人们意识到这一定义不够精确，因为一天的实际时间长度，即地球自转周期是会变化的。于是，人们以地球公转周期重新定义了"秒"。但仅仅几年后，为了使其更加精确，人们就再次修订了这一定义，将其确定为铯原子在给定能级之间跃迁时所辐射的电磁波的周期的倍数。

国际计量局还保存着定义千克的标准物，即所谓的国际千克原器，这是一个高和直径均约 4 厘米的由 90% 的铂和 10% 的铱构成的圆柱体。该国际千克原器取代了早期在法国通过的对千克的定义，即 1 千克相当于 4℃下 1 升蒸馏水的质量。

尽管被精心保存，但该金属圆柱体依旧随着时间的推移发生了变化。国际千克原器与其他 5 个复制品于 1889 年一起制成，在后面的一个世纪里，它的质量减轻了约 50 微克。这似乎只是一件微不足道的小事，因为 50 微克大约只有一粒盐的质量。但事实上，如果我们考虑到现代科学研究所要求的精度，以及"千克"用于定义力和能量等导出单位这一现状，那么这个变化就足以动摇整个国际单位制的根基。人工制品的衰变，虽然在哲学上与它们的制造者——人类的短暂性一致，但与科学研究所要求的普遍性和确定性却是绝不相容的。如果没有可信赖的计量基准，新的科学也将面临中世纪曾有过的风险。

于是，科学家对此进行了补救。2018 年 11 月 16 日，国际计量大会决定不再以实物为标准物，而是根据精确、稳定的物理常数（如真空光速或普朗克常量）重新定义国际单位。这些物理常数在基本物理定律和理论中也十分重要，比如光速对电磁学和相对论来说至关重要，而普朗克常量则是量子力学的核心。

选择使用基本物理常数定义计量单位是一场哥白尼式的真正革命，即以不可变的方式确定计量的标准值，以常数本身定义国际基本计量单位。这意味着人们相信支配宇宙的自然法则是不变的，它们是比我们所看到或触摸到的实物更稳定、更坚实的东西，这也是现代计量体系的基础。对科学发展来说，这是一场划时代的革命；对人类来说，它也同样意义深远，但仍鲜为人知，现在就让我们去发现它吧！

7 个国际基本计量单位，共同谱写一首向大自然致敬的赞歌。

第 1 章

长度之尺：
从易腐的人间之物，
到亘古不变的光速

Il metro

Le 7 misure del mondo

默瑟街 112 号

美国新泽西州普林斯顿市默瑟街 112
号和宾夕法尼亚州林肯大学物理系所在位
置之间相距约 148 000 米。

听上去, 这好像是一段遥远的路程, 但如果我们把它转换成 148
千米, 就会感觉这个距离没有那么可怕了。今天, 谷歌地图告诉我
们, 开车从默瑟街 112 号到林肯大学物理系所在位置需要 1 小时 40 分
钟, 但在 1946 年, 这次旅行肯定更具挑战性, 尤其是对已年近七旬
且还有一些健康问题, 但不得不这么做的人来说。考虑到此行的目的
是接受荣誉学位, 且林肯大学当时还是一所只有 250 多名学生的小型
大学, 那么, 如果相对论之父拒绝了林肯大学的邀请也并不稀奇, 尤

其是爱因斯坦本人并不喜欢这种充满炫耀和繁文缛节的活动。

然而，爱因斯坦却欣然接受了这份邀请。用他的原话说，1946 年
5 月 3 日的访问是为了"一项有价值的事业"。其实林肯大学的名气与
它的小规模完全不成比例：它是美国第一所授予非裔美国学生学位的
大学。该校成立于 1854 年，其创始人和早期的教师们与新泽西州最
著名的大学——普林斯顿大学有着千丝万缕的联系，因而它被称为
"黑人的普林斯顿"。

第二次世界大战后，美国的种族隔离制度仍然压得非裔美国人透
不过气来。当时大多数美国白人并不愿正视这个问题，但爱因斯坦却
发出了真诚的声音。其实早在 1937 年，爱因斯坦就已有明确的表态：
他在家招待了玛丽安·安德森（Marion Anderson）。这位女士是 20 世
纪美国最著名的歌剧演员之一，在普林斯顿的一场音乐会上，由于肤
色问题，她无法入住当地酒店。在 1946 年为《选美》（*Pageant*）杂
志①撰写的一篇文章中，爱因斯坦专门提到了种族隔离，"我越感觉自
己是美国人，这种情况就越令我痛苦"，并进一步补充道，"我只有说
出来，才能摆脱自己是同谋的感觉"。

同年 5 月 3 日，这位诺贝尔奖获得者出席了林肯大学的荣誉学位

---

① 该杂志读者以白人为主。

授予仪式，并发表了一场令人难忘的致谢演讲。他在演讲中发表了对种族主义和种族隔离的严厉言论："这不是有色人种的疾病，而是白人的疾病。而且，我并不打算对此保持沉默。"正如一位当时的学生回忆的那样，他瘦弱的脸和朴素的举止让他看起来几乎像一位圣人。

事实上，有色人种为自己争取权利的运动又过了 9 年才开始。运动的开端是罗莎·帕克斯（Rosa Parks）拒绝在乘坐公共汽车时为一名白人乘客让座。当时，美国的公共汽车前排和后排座椅之间会隔开几米，前排留给白人，后排留给黑人，必要时，司机会要求黑人乘客给白人乘客让座。这一天是 1955 年 12 月 1 日，爱因斯坦没能赶上这一天。

事实上，这位现代物理学最伟大的主角之一已于当年 4 月 18 日逝世。爱因斯坦不仅是一位用相对论颠覆了物理学界的科学家，直到今天，仍有一长串诺贝尔奖都归功于他的理论研究，他甚至颠覆了整个人类的认知，并因此成为许多艺术家、哲学家、知识分子和偶像级物理学家的榜样和表率。

爱因斯坦的相对论不是描述一个特定的现象，而是描述所有物理现象发生的环境：时空。它不仅讲述了大自然伟大剧本的一部分，而且建立了剧本的普适规则。**相对论是一种有关空间和时间的理论，因此它优先于所有其他理论，且其他理论均须与其保持一致。因此，爱因斯坦对计量单位的影响自然也很明显。**

考虑到几千年来，人类一直有要用一套全球通用的计量单位体系来描述和理解我们周围的世界和大自然的雄心壮志，而通用的计量单位体系将超越国界和主权，成为全人类的财富，那么，相对论成为"米"普适化道路上的一个里程碑也就不足为奇了。我们将从本章开始探索世界计量单位的发现之旅。

"米"这个名字本身就是计量原理的象征，无论是从词源学来看——来自古希腊语 μέτρον（计量），还是从它的名字来自关于计量单位的第一个国际条约来看，即 1875 年由 17 个国家在巴黎签署的《米制公约》。**签署《米制公约》这一事件很少出现在历史书中，但它却是人类在开启现代文明曙光的道路上迈出的明确、坚实的第一步。**

从尼罗河到台伯河

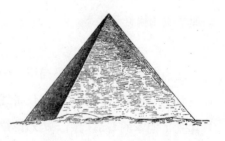

与对时间和质量的测量一样，对长度的测量也是人类最古老和最熟悉的测量之一，因为它与农业等对人类来说至关重要的生命活动息息相关。在古埃及，土地测量是一项非常重要的活动，后人甚至认为几何学起源于古埃及文明的土地测量术。古时候，在暴雨季节过后，尼罗河都会因河水泛滥而淹没大片土地，造成淤泥沉积，而沉积的淤泥使河流沿岸的土壤丰硕肥沃。洪水退去后，需要有人重新划定被洪水冲毁的田地边界。历史学家希罗多德告诉我们，出于某种利益考虑，公元前 1850 年左右在位的埃及法老塞索斯特里斯三世决定将耕地分配给他的臣民，并且使每个臣民都能够得到一块方形的土地。"他们说这位国王（塞索斯特里斯三世）将耕地分配给所有的埃及人，每个人可以得到一块面积相等的方形土地，国王根据这块土地所获收入征收年度税款。如果河流夺走了这块土地的某个部分，其主人可上报给国王，然后国王派出官员考察并测量土地变小了多少，以便将来土地主人按调整后的比例支付税款。我相信几何学就是因此出现的，然后传到了希腊。"

划定土地界限对于古埃及政府判断向谁征税举足轻重，因此古埃及政府极为重视此事，他们精心维护并不断修订详细的土地登记册。负责这项工作的是土地测量员——现代测绘员的先驱，因此测绘这一职业可以说由来已久！希腊人将这类工作人员称为 arpedonapti，意为绳索打结者，而他们的工作用具的确就是绳索。土地测量员在相距较远的两点之间拉一根绳子，通过绳子画一条直线——"拉直线"这个测量方式至今仍在使用。另外，他们还会将绳子的一端固定在一点上，比如插入地面的一根木桩，并围绕它旋转绳子的另一端，从而画出一个圆圈。划分土地需要精确测量，那么引入计量单位使其标准化，以便官员和纳税人参照就顺理成章了。这个标准一定是容易使用且容易获得的，而且还需要是"人"所能及的标准，那么还有什么比将其与人体的一部分相结合更简单的呢？毫无疑问，这是最常见的。于是出现了"肘尺"，它是指从肘尖到指尖之间的距离，长度约为半米。肘尺不仅是古埃及臣民的参照标准，而且是在古代广泛使用的计量单位，它后来甚至传到了罗马。在《圣经》中，"肘"这个单词，无论是单数还是复数，共出现了179次。最著名的一次是在《创世记》第6章中，上帝对诺亚谈到了那条大船（诺亚方舟），"你要建成这样的方舟：长300肘，宽50肘，高30肘。你要在方舟上建一个高出1肘的顶盖，方舟的门设在一侧。你要分层建造：下层、中层和上层"。我们可以推算出诺亚方舟长约150米，宽约25米。如果你想有个直观概念，只需想一想长100.5米、宽15.56米的意大利海军阿美利哥·维斯普西（Amerigo Vespucci）号风帆训练舰。

尼罗河沿岸有两种版本的肘尺：一种是普通人的肘尺，长约45厘米；另一种是高贵的皇家肘尺，长约52厘米，相当于普通肘尺与法老手掌宽度之和。肘尺的标准样本被固定在黑色花岗岩石条上，再据此制造出石质的或木制的肘尺，一些标准样本被保存至今。肘尺的测量能力和精确度在一场庞大的物流和工程实践中起到了关键作用，那就是金字塔的建造。希罗多德提到建造金字塔用了10万名工人，尽管这个数字如今被认为有些夸大其词，但据可靠估计至少也有1万名工人。他们在没有无线电，也没有计算机的情况下，建造了精准程度极高的吉萨金字塔，其4个底边长度（各为230.35米）极为精确，彼此相差不超过10厘米！顺便提一下，4 500年后，美国国家航空航天局（NASA）火星气候探测器的工程师们都没能实现这样的精确度。火星气候探测器是一个耗资 1.25 亿美元，本应到达火星并研究其气候和大气层的太空探测器。当它到达火星这颗红色星球附近时，一台地面控制计算机开始向它发送用英制计量单位表示的指令数据，但遗憾的是，探测器的机载计算机被设计为接收公制测量值。你知道的，1码并不等于 1 米……而这不足 10% 的误差足以摧毁那可怜的探测器。

知道如何进行长度测量的古代文明还有古罗马。古罗马人修建了庞大的公路网，据估计，在古罗马帝国扩张的鼎盛时期，古罗马人修建了大约 8 万千米的道路，看这个长度就知道他们需要一套精确的路标体系。于是里程碑应运而生，这些石碑标记了距罗马或最近首府的距离。事实上，现在 mile（英里）这个长度计量单位名称就是源自拉丁语 milia passuum，而这个拉丁语的意思是 1 000 步。1 罗马步相当于现在的 1.48 米，因此 1 罗马英里相当于 1 480 米。如果你把书放下一会儿，去测量一下自己的步幅，你可能会疑惑罗马人是不是有着惊人的大长腿？因为我们的步幅通常是 70 厘米。这个谜团很快就揭开了，因为罗马步对应行走过程中同一只脚的分离点和支撑点之间的距离（相当于现在的两步），而不是今天我们通常定义的一步距离。

尽管有人说"条条大路通罗马"，但这些里程碑并不总是标记所处位置距古罗马帝国首都的距离。有时它表示的是此处距道路起点所在城市的距离，或者两个标识同时在里程碑上出现。芝加哥大学的戈登·莱恩（Gordon Laing）的一项研究表明，古罗马帝国里程碑的起点位于意大利中部的一条街道，从这条街道朝南为阿皮阿大道，朝北是埃米利亚大道。已经发现的里程碑最远位于多米齐亚大道，这条大道从意大利都灵通往西班牙，刚好在法国纳博讷附近。这个里程碑上标记着此处距罗马 917 罗马英里，距纳博讷 16 罗马英里。奇怪的是，它还有第三个标识标记着距离罗马 898 罗马英里，也许这是一条近路吧。你们一定见过导航地图会显示到达目的地的不同备选方案吧？你们瞧，其实导航地图并没有发明什么新东西。

一米一米走出来

让我们停下来思考一下那些刻在石头上的数字带来的成果和信息。在今天的我们看来，那些数字可能仅仅是组织一次旅行的实用标识，但它其实蕴含着权力与权威。这也许是一种如同军队一样，让人们感受到中央政府存在的有效方式。事实上，这些标识一方面表明了谁是该地区的统治者，他可以在必要时全副武装，沿着这些道路抵达该地，即使是古罗马帝国最偏远的角落；另一方面表明了古罗马帝国的开放与包容，在这里，任何一个人都可以接近帝国的权力中心。这些数字和道路清晰地表明政府就在那里，且负责管理这些土地。这些罗马字符使政府再次彰显了它

的权力，同时也让每个人，无论他身在何处，都有机会以同样的方式
读取这些字符。

随着古罗马帝国的衰落，它拥有的统治力随之减弱，这自然也影
响到了计量单位。从严格意义上讲，数个世纪以来，测量不仅仅是长
度测量，或多或少都是地方事务。每个地方都有自己的计量单位，这
些计量单位通常以石碑的形式在人流量大的地方展示。即使是今天，
在很多地方仍可见到这种石碑。意大利的塞尼加利亚、萨洛、切塞纳
等地就使用不同的计量单位。据估计，仅在法国就有大约 25 万个不
同的计量单位正在被使用。

我们可以想象，这些长度单位仍旧依赖于人体的某些部位，比如
以当地乡绅的手臂、手掌、脚等长度为标准。当然，使用这些计量单
位的地区面积比古埃及要小得多，但这种"地头蛇式的计量"依然造
成了许多问题。

大家可以想象一下一个卖布料或卖绳索的小贩的生活。今天我们
甚至没有想过这个问题，因为长度都是按米计算的，如果我们想要某
个卖家提供给定长度的某种面料，无论我们在哪个城市购买，或者在
互联网上购买，我们都只需要支付同样的价格。但在那个时候，每个
乡镇都必须重新计算卖价，如果卖家不是很诚实，那他就有足够的空
间来欺骗顾客。**缺乏统一的计量标准使交易变得极其困难，这也包括**

土地与财产的计量，而且往往会使弱势群体受制于当权者。

科学成为公民的共同财富是实现民主的关键，或者更确切地说，科学应该成为公民的共同财富，以促进民主的实现。鉴于历史上的诸多经验，科学可以说是民主不可或缺的条件。自伽利略开始的科学革命及随之而来的科学方法的传播，科学是定义一套脱离个人地位或权力、制定一视同仁的通用计量单位体系的基本要素，尽管这种作用方式是间接的。科学界也越来越强烈地感到有必要建立一个通用体系，用来比较那些从伽利略到现在被视为科学进步基石的实验与观测结果。

不过，几个世纪后的法国大革命以其民主思想和反对专制统治推动了计量体系的根本变革。我们希望计量单位可以从地方体系过渡到一个对所有人都普适且平等的体系，因为地方计量体系几乎不可控，而且通常只对在商业活动中掌管它们的少数人有利，使他们从混乱中获得可观的利润。因此，在 18 世纪的最后 10 年，国际单位制的前身——公制在巴黎诞生也就理所当然了。

法国大革命想要彻底摆脱封建势力和宗教势力，并试图引入十进制日历，这样可以减少日历中的宗教影响。不过，在"革命性"的新单位中，有两个单位幸存了下来，而且成了当前实行的公制单位中至关重要的部分，它们就是千克和米。后者在 1791 年 3 月的法国国民议会上被定义为通过巴黎的子午线从地球赤道到北极点的距离的

千万分之一。人们立即开始根据理论进行实践。让-巴蒂斯特·德兰布雷（Jean-Baptiste Delambre）和皮埃尔·梅凯恩（Pierre Méchain）这两位科学家被委托对穿过巴黎的子午线进行实地测量，他们选择了穿过敦刻尔克与巴塞罗那的那条子午线，这段距离约等于北极点与地球赤道之间距离的 1/10。选择这条线路的优势是它整体上比较平坦。两位科学家于 1792 年出发进行测量。德兰布雷测量从敦刻尔克到罗德兹大教堂的距离，而梅凯恩则从罗德兹大教堂出发，测量此处至巴塞罗那的距离。他们本以为可以在一年内完成测量，但实际上他们花了 6 年的时间，因为动荡的大革命社会环境使这一史诗般的壮举变得更加困难。

1798 年，这两位科学家向巴黎政府报告了测量结果，并在此基础上，正式确定了米的长度，同时根据测量结果定制了一根长为标准 1 米的铂杆。这根铂杆是最早的米原器。该铂杆于 1799 年 6 月 22 日被作为参考原器存放于法国国家档案馆（Archives nationales）中，因此也被称为"标准米"。后来国际计量局以该铂杆为标准制作了多个副本，以供实际使用。为了让人们熟悉新的计量单位，巴黎的很多地方都公示了米的标准原器。今天我们仍然可以在沃吉拉尔街 36 号和旺多姆广场 13 号看到当时公示的米原器。

然而，习惯很难改变，新计量体系的引入遭到了民众的极大抵制，他们仍继续使用旧单位，因此拿破仑在 1812 年废除了强制使用公制的法律。1840 年拿破仑倒台后，政府通过立法干预，使公制在法国重整旗鼓。直到 19 世纪下半叶，公制才在法国站稳脚跟，并开始广泛传播到欧洲其他地区。

1861 年，意大利颁布了第 132 号法令，将公制引入意大利。即使在意大利，其应用也不是立即生效的，中央政府向各地市长施加压力，要求推动各地居民在日常生活中使用新的计量单位，并在公共场所以石碑的形式展示相应的对照表。学校在促进公制普及方面也发挥了巨大作用。例如，如果我们看一下 1860 年的意大利小学课程，就会发现这样的句子："对于这些概念，老师会加入一个公制的简要说明，不仅要介绍新单位'米'的名称，而且要详细地解释'米'的含义，以及由此推导出的其他计量单位和每个单位的价值与意义。""让四年级及以下年级的老师记住，小学教学中最重要的科目是历史、语法和作文、算术和公制。因此，他们的主要精力应聚焦于此，并将学习中的大部分时间花费在这些内容上。"

现在关于公制的最初设想已经被一步一步地描绘出来了，或者说是一米一米地走出来了，梦想变成了现实。1875 年 5 月 20 日，17 个国家在巴黎签署了《米制公约》，并成立了一个永久性的协会，旨在协调国际计量单位和米制的发展。除此之外，还成立了国际计量委员会。

与此同时，国际计量局也作为一个政府间组织成立。国际计量局位于巴黎郊外的塞夫尔, 它是成员国处理重要计量事务的机构, 是国际计量单位的守护者, 实际上也是科学的守护者。国际米原器就保存在国际计量局——这是一根横截面为 H 形的铂杆, 而 H 形可以更好地防止米原器扭曲变形。1889 年, 米的长度被定义为铂杆上两条刻线之间的距离, 因此重新制作的铂杆 (刻线米原器) 要比 1 米长一些, 以避免端部损坏可能造成的问题。

这根铂杆成为世界上所有米的校对基准。事实上, 这当然是间接操作的。米原器有多个副本, 国际计量局将准确复制的多个副本分发给《米制公约》的各成员国, 以作为国家基准。意大利的米原器副本保存在位于罗马的经济发展部的国家公制办公室中。

看不见摸不着的米

在制作米原器的人看来, 像铂杆这样简单又坚固的器具, 作为世界参照标准, 其耐久性必定是出类拔萃的。但就在米原器被制造出来并开始使用的时候, 物理学进入了一个颠覆性的时代, 物理学的发展使这根杰出的铂杆退役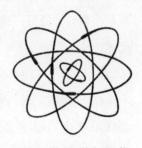了。19 世纪的最后几十年至 20 世纪初见证了一系列为物理学和现代技术奠定了基础的科学发现。

比如电磁学。英国科学家詹姆斯·克拉克·麦克斯韦（James Clerk Maxwell）在 1873 年完成了《电磁通论》（*A Treatise on Electricity and Magnetism*），而我们很难想象这部经典著作对我们的生活产生了多大的影响。可以这么说，麦克斯韦的 4 个方程以简洁和优雅的方式描述了所有与经典电磁学相关的现象和技术，尤其是与电磁波相关的内容。从彩虹到电动汽车，从手机到为什么天空是蓝色的，从洗衣机的发动机到欧洲核子研究组织（CERN）加速器中基本粒子的运动，都能从麦克斯韦的 4 个方程中得到答案。德国物理学家海因里希·赫兹（Heinrich Hertz）是第一个通过实验证明麦克斯韦预言的电磁波存在的人，但当时他并不知道电磁波会有什么用处。据说，赫兹对自己发现电磁波是这样评价的："电磁波不会有任何实际用途。我的实验只是证明了麦克斯韦大师的理论是正确的。简言之，这些肉眼无法看到的神秘电磁波确实是存在的。"然后他被问道："那么在您的实验之后会发生什么？"赫兹看似谦虚地回答："我猜不会有什么。"我们当然不能责怪他缺乏想象力，在当时，实在是不可能预测到电磁波会在通信、旅行、烹饪、医学诊断和治疗以及许多其他领域有那么广泛的用途。

在那几十年里，科学家对物质结构的理解也取得了巨大进展，为现代原子理论铺平了道路。1895 年威廉·伦琴（Wilhelm Röntgen）发现了 X 射线；1887 年赫兹发现了光电效应；1905 年爱因斯坦充分解释了光电效应，并于 1921 年获得了诺贝尔奖。1897 年，约瑟夫·约翰·汤姆森（Joseph John Thomson）发现了电子，这是一个里程碑，由此我们意识到我们周围的物质是由被称为原子的微观粒子构成的，而原子又由质子和中子构成的原子核及围绕原子核运动的若干电子组成。几年后，世界便迎来了量子革命。

铂杆上的两根刻线保证了一定的精度，但对于物理学正在发现的新世界来说，这种计量方式仍不够准确。**无论多么细致、精准的金属棒都无法承受新物理学日益紧迫的需求，这使其随时可能成为另一个时代的遗产。新物理学放弃了"人"的维度，以一种越来越普适化的方式将自己推向无限小与无限大。**在短短几十年内，物理学的范畴急剧扩展——从零点几纳米的玻尔原子到天文学家哈勃研究的距地球数百万亿千米的宇宙边缘星系。

米原器的命运在它诞生的那一刻就已经被一种矛盾的方式决定了。塞夫尔的铂杆一方面是新物理和新技术越来越精确的计量需求的受害者，而在 20 世纪，它开始面对一个太阳永不落下的科学世界。它另一方面也是全球化的受害者，因为它诞生于一个以欧洲为中心的时代，在那里知识中心之间的距离相对较近。

米原器及其实物副本，无论多么精确，都是易损的，且不可能在所有需要它的地方同时出现，而且越来越多的证据表明它不足以测量正在被发现的、越来越广阔的新世界。

比如，米原器仍可用于测量足球场的大小。当时球场的主角是 20
世纪初哥本哈根阿卡德米斯克足球俱乐部和丹麦国家队的球员哈拉尔
德·玻尔（Harald Bohr），他在 1908 年伦敦奥运会上代表丹麦国家
队获得了银牌。但对于比他更著名的哥哥尼尔斯·玻尔（Niels Bohr）
来说，这显然是不够的。这可能是唯一一个家族中的科学家比职业
足球运动员更出名的案例……有时这样的情况也是会发生的。尼尔
斯·玻尔于 1913 年在《哲学杂志》（*Philosophical Magazine*）上发表
了名为《论原子构造和分子构造》（*On the Constitution of Atoms and
Molecules*）的文章。这篇文章为现代原子的量子理论奠定了基础。尼
尔斯·玻尔在文章中将原子描述为一个微小的太阳系，其大小约为零
点几纳米，电子围绕位于中心的原子核做轨道运动。尼尔斯·玻尔还
以他卓越的直觉预见了能量的量子化。

根据玻尔原子理论，当沿给定轨道运动的电子跃迁到另一个所需
能量较少的轨道时，原子会发射出具有明确能量的电磁辐射，所发射
的辐射频率等于两个轨道间的能量差除以普朗克常量——这是我们稍
后会遇到的另一个物理学基本常数。这意味着由于电子的跃迁，每个
原子都可以发射种类有限且能量值已预先确定的电磁辐射，或者说已
知颜色的电磁辐射。这组能量就是原子光谱，元素周期表上的每种元
素都有其独特的光谱，每个原子都有自己的"调色板"。

这里举个例子，煮意大利面的时候，如果锅里溢出一点沸水并流

到燃气火苗上，我们就会看到火苗变成了黄色，这是钠原子发射的光谱的颜色。不过请注意，如果你们忘了往水里加盐，这个实验就不会成功，因为钠实际上来自盐。

事实上，正是原子使米原器在被引入不到一个世纪就被放弃了，取而代之的是一个看不见摸不着的定义。

1960 年，米被重新定义。米的新定义涉及氪，氪在元素周期表中的原子序数为 36。氪是一种惰性气体，通常用于霓虹灯中（霓虹灯并不总是由氪制成）。由于光学技术的进步，原子发射的可见辐射波长的测量精度远远高于公制铂杆上两条刻线之间距离的精度，尽管长度相差很小，但不可忽略不计。因此，国际计量大会决定将米定义为氪-86 原子在特定能级之间跃迁的辐射在真空中波长的 1 650 763.73 倍。这样定义的米呈橘红色，就是我们的目光所能看到的那种辐射。将氪-86 原子在特定能级之间跃迁发出的辐射波长一个接一个地放上 1 650 763.73 个时，我们就能得到 1 米。

1960 年 10 月 14 日，国际计量大会确立了这一具有划时代意义的重大改变，将米的定义从一根人工制造的铂杆转变为一种自然现象，即原子发出的光。

人工制品不可避免的易腐性被自然界的永恒性所取代。氪的使用为依托自然而非人工制品进行计量判定的世界打开了大门，这激发了近年来对基本单位的革命性定义，即用基本物理常数来确定基本单位。

然而，仅仅过了 20 多年，1983 年，计量学的一个新主角登台亮相，并注定要在舞台上长久停留。这个新主角就是光速。

一个新的相对论

在人们的脑海中，物理学通常有两个组成部分。第一个组成部分是不食人间烟火并在黑板上写满令人费解的方程式的怪异科学家，他们可能还有一些其他特征，比如蓬乱的头发，或在所有场合都穿着不合时宜的衣服与鞋子。不过，爱因斯坦访问林肯大学的那一段插曲告诉我们，物理学家更多的是跟众人一样，无论好坏，他们都生活在自己的时代，并在某些时刻尝试影响它。核物理学中的另一位主角——德国化学家弗里茨·施特拉斯曼（Fritz Strassmann），他与莉泽·迈特纳（Lise Meitner）、奥托·哈恩（Otto Hahn）一起发现了核裂变。他还在 1943 年将犹太音乐家安德里亚·沃尔芬斯坦（Andrea Wolffenstein）藏在自己在柏林的家中好几个月，以免她被驱逐出境。施特拉斯曼是纳粹主义的激烈反对者。"尽管我是如此热爱化学，但我更珍视我的自由，为维护自由，我宁愿以敲碎石为生"，这是他因德国化学学会被纳粹管控愤而辞职后说过的话，但这使他在当时很难再找到工作。由于他为沃尔芬斯坦做的一切，施特拉斯曼现在被铭记在犹太人大屠杀纪念馆中的正义者名单中。

物理学的第二个组成部分是方程式。物理学当然不是一门容易的学科，但它的许多最具革命性的成果，都以极为简洁且优雅的方式表达出来。例如：

$$c = \mathrm{cos}t$$

的确，我们很难相信在这个简单的表述背后隐藏着一大段爱因斯坦的狭义相对论，但事实就是这样。我们一起来探究下这个方程式吧。

让我们从这个方程式的主角——光开始。首先，我们必须仔细考虑"光"这个词。在人类的经验中，我们将光与视觉联系在一起，但实际上，对于物理学家来说，这个名词具有更广泛的含义。我们看到的光，本质上是在太空中传播的电磁波。与任何其他波一样，比如海浪、声波、体育场里起伏的欢呼声等，电磁波同样也是通过某个物理量的周期性变化来传递信息。

对于声波来说，这个物理量是空气压力；对于大海中的波浪来说，这个物理量是水位；对于体育场里起伏的欢呼声来说，这个物理量是看台上的位置。对于电磁波来说，这个物理量是电磁场，一个虽然无形却非常实在的实体，物理学家用它来描述空间和物质的某些特性，比如自古以来就广为人知的电和磁的部分特性。古希腊人就已经知道，摩擦一小块琥珀就能使它吸附稻草，而一些天然存在的石头（磁铁矿）可以吸附铁器。两千多年前，中国人就已经可以利用物质与地磁场的相互作用，并由此发明了现代指南针的原型。

然而，直到 19 世纪，人们才充分理解了电磁学的基本定律，并制作了验证该理论的装置——通过一个电气元件和一个磁性元件验证了电生磁。正如我们现在看到的，麦克斯韦用 4 个基本方程表达了电场和磁场及其来源——电荷和电流之间的关系。从 19 世纪末到 20 世纪初，在理论研究的同时，电磁学也进入了实用发展阶段：城市开始被电灯照亮，人与人之间的距离随着电报和无线电传输的使用而大大缩短，电动机进入工厂。

爱因斯坦的研究工作就是在这种不断创新和充满活力的背景下开始的，但当时的基础理论研究对一名物理学家来说也存在着极大的问题。爱因斯坦和所有物理学家一样，深受伽利略和牛顿经典力学的影响。250 多年的知识体系不仅深入人心，而且在天体运动等相关方面取得了非凡成果。牛顿力学的应用场景是可以用一个坐标系表示的三维空间：三条轴相互垂直且具有共同的原点，在坐标系中可以用三个数字组成的坐标识别任意一点。

这里用海战文件作为坐标系的一个例子，在文件中每个位置都可以由一个字母和一个数字坐标确认。在测量空间时，每个人都可以选择参考系。比如，我住在威尼斯，如果我描述帕多瓦，我会说它离这里有 38 千米，而不会说它离吉森有 984 千米，离罗维戈有 43 千米。**而在经典物理学上，时间是绝对且不可改变的，随着时间的推移而发生的动作和行为对于每个人来说都是一样的，并且在过去与未来之间有一个清晰明确且普遍共识的界限。**简单地说，就是在经典物理学中，空间和时间是严格分开的。

经典力学的核心是伽利略变换，它预设物体在不同的以恒定速度相对运动的系统中始终具有相同的形式。换言之，无论我们是在客厅里或是在时速 300 千米的火车上打台球，描述球体运动的定律都是保持不变的，因此，我们无法通过观察它们的运动判断我们是静止的还是正在移动的。进行判断的唯一方法是转换坐标系，而伽利略为我们提供了精确的变换公式。因此，我们也无法通过物理实验来确定一种介质是静止的还是匀速运动的。伽利略在描述船舱实验时非常清楚地说明了这一点。在船舱中我们看不到外面的任何东西，从而无法通过观察海岸等参照物判断船是否在移动，此时只要让船只进行匀速运动而非忽快忽慢的运动，我们就无法意识到任何细微的变化，也就无法得知船是在航行还是静止不动。

伽利略变换和牛顿经典力学对物理世界的认知是一致的。可是后来有了一门新的学科——电磁学。它和麦克斯韦方程组一样，非常简洁且有许多实际应用。但问题是伽利略变换在电磁学中无法成立。一些涉及电磁场的基本定律在彼此存在匀速相对运动的两个惯性参考系间并不适用，而爱因斯坦在相对论中也承认了这一点。由博拉蒂·博林吉里出版社于意大利出版的《狭义与广义相对论浅说》中提到："相对论原理的有效性问题已经成熟到可以被质疑，而这个问题的答案也有可能是否定的。"

爱因斯坦用狭义相对论解决了相对论原理有效性的问题。爱因斯坦从相对论原理出发，假设该理论是正确的，甚至将其从单纯的力学扩展到了包括电磁学在内的所有物理学。但在此基础上，他补充了第二个假设，也就是公式 $c=\text{cos}t$，即在所有惯性参考系中，光总是以相同的速度 c 传播。这看似只是件小事，但它彻底改变了物理学。

让我们再举个有助于理解的例子。假设我们在一艘以每小时 20 千米的速度行驶的客船的甲板上，这时我们以每小时 10 千米的速度向船头的方向奔跑。这里的每小时 10 千米的速度自然是相对于随船移动的参考系而言的。而对于在岸上静止不动的朋友来说，我们的奔跑速度是每小时 30 千米，这是因为除了我们奔跑的速度还得加上船的行进速度。但是对于光而言，在测量光速时，无论在哪个参考系，我们得到的速度都是 299 792.458 千米 / 秒。

光速是一个基本常数，且不依赖于任何参考系，这一发现直接改变了人类的空间和时间概念。在伽利略变换原理中，当一个物体从一个参考系转换到另一个参考系时，其长度保持不变。比如台球桌的长度和宽度，无论是在火车上还是在客厅里测量，其数值都保持不变，船的长度和我们跑过的长度也是如此。对伽利略变换来说，时间和空间都是绝对的。

但爱因斯坦的出现，使一切都改变了。为了使不变性原理与光速的普适性相一致，这位物理学家修改了伽利略变换原理。首先是空间，在狭义相对论中，物体在运动方向上的长度比它静止时的长度短。其次是时间，在伽利略变换中，时间是一个独立于参考系和物体空间位置的参数。**但爱因斯坦让时间失去了其作为绝对实体的超级特权，他将时间与空间混合，使两者不再绝对**。狭义相对论表明时间在移动系统中会膨胀，即在快速移动的系统中时间流逝得更慢。

但我们通常不会意识到这一点，因为只有当参考系之间的相对速度接近光速时，长度收缩、时间膨胀等效应才有意义。伽利略变换用于描述日常世界，以及我们通常理解的日常经验。而光速是人类经验中难以达到的速度，这就是伽利略变换在大部分情况下都适用的原因，但它对整个世界来说并不完整。

光速，更确切地说是真空中电磁波的速度，是我们认识世界科学

的支柱之一，是大自然的一个不可改变的特征，是一个基本常数。以
这个不变常数为基础的相对论，从诞生那一刻起，就成为所有物理
学的标准。正如爱因斯坦在《狭义与广义相对论浅说》一书中所说：
"时空转换是一个非常精确的数学条件，相对论将其规定为一个自然
法则；因此，相对论成为探索一般自然法则的有效的启发式工具。如
果你发现了不符合这一条件的一般自然法则，那该理论的两个基本假
设中至少会有一个不成立。"

从地球到月球

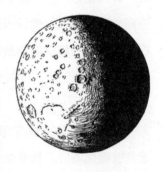

在访问林肯大学仅仅 9 年后，爱因斯坦
就离开了这个世界。他于 1955 年去世，而
激光器的第一台原型机制成于 1960 年。命
运剥夺了他看到激光器的机会，这是研究光
的主要科学仪器之一。激光器能产生准直的
单色光束，也就是说，其产生的光具有确
切的颜色，用更专业的术语来说，构成单色光束的所有电磁辐射都具
有相同的且定义明确的能量。该光束即便往返月球一次，也可被准确
识别。

实际上，激光的单色特性及光速是一个基本常数，这一事实是精

确研究地球与其卫星之间距离的基础。这一壮举由当时在麻省理工学院工作的意大利物理学家乔治·菲奥科（Giorgio Fiocco）于 1962 年完成。实验过程是菲奥科向月球发射了一束激光，并测量了从月球表面反射回来的光。菲奥科和他的同事路易斯·斯莫林（Louis Smullin）以不屈不挠的精神在实验中寻找直接由月球表面反射回来的激光信号。鉴于反射光的强度极弱，所以寻找反射光并非易事，两位物理学家在 1962 年 5 月 9—11 日终于完成了这一实验，从而为其他光学实验应用铺平了道路。由于光速已知且恒定，那么通过测量光从发出到自月球反射回地球所需的时间，即可准确地得到地球与月球间的距离。据实验记录，该时间大约为 2.5 秒，则地球与月球间距离的平均值约为 384 400 千米。

即使是在今天，科研人员也会定期进行菲奥科测量，以确定地月间的距离，只不过该测量已变成借助阿波罗计划中宇航员安放在月球上的仪器完成——这就是现代激光测月技术。由于相对简单，且产出信息量较多，因此该实验被认为是阿波罗 11 号任务中收效最大的实验。被带到月球上的装置实际上是一面朝向地球、边长约 0.5 米的方形面板。面板上固定了大约一百个后向反射器，这些特殊的反射器能够将光线沿着来时的方向进行高效反射（这与镜面反射原理相同）。这里说的光线是从地球"射"向月球的激光，而面板充当了靶子。

从地球上瞄准一个放置在月球上的比一个比萨盒大不了多少的物

体，这听上去像是科幻片，但美国加利福尼亚州利克天文台的科学家借助一台功能强大的望远镜在宇航员登月几天后就做到了这一点。做到这件事非同小可，因为该实验中光程超过了 70 万千米，而在到达月球的直径约 4 千米的光斑中只有射中面板的光才对测量有用。难怪美国国家航空航天局写道：瞄准月球上的"镜子"简直就像用一把步枪射中了 3 千米外的一枚硬币！**通过月球激光测距实验，我们可以把地月距离精确到厘米，精确度达到了地月距离的百亿分之一。**激光器所发出的光可以帮助人类实现之前无法想象的测量精度，甚至像刚刚说的那样用于界定长度。因此，科学家于 1983 年用激光重新修订了对米的定义（这是最新的，也可能是长久有效的）。2018 年，国际单位制也基于基本物理常数重新进行了全面的修订。

普适的 *c*

    c 是将自然界的普适特性包含其中的一个简单字母。一个所有人都拥有，并适用一切的属性，它无形且不变，完全不受无法避免的生存衰变的影响。如果最终它被选为公制单位符号的通用标识，我们可能也不会感到惊讶。

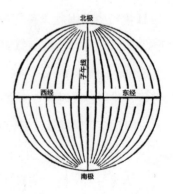

不过，在来到长度单位千年历史的最后一幕之前，我们值得花时间说点儿题外话，聊聊 c 的起源。大家可能对为什么是 c 而不是 a、b 或者其他什么字母感到疑惑。事实上，无论是麦克斯韦，还是爱因斯坦在他 1905 年的第一篇论文中都使用了 v 这个字母表示普适性。但其他物理学家都使用了 c，既然 c 占据了主导地位，于是爱因斯坦也在 1907 年改用 c。实际上这个问题没有明确答案：一种说法是 c 的选择源于 constant（意为常数），指其价值的普遍性；另一种说法将此选择与拉丁语 celeritas（速度）联系起来。直到今天，尽管人们对 c 的来源进行了大量研究，但仍存在分歧。不过，像 c 这样的"明星"带上一个小小的神秘光环也无妨嘛。

定义米的悠久历史在 1983 年落幕，至少目前是这样。在第十七届国际计量大会上，有人指出，"'米'目前定义的精确度不足以满足所有需求"，并且"在激光方面取得的进展，使电磁辐射与氪-86 原子在特定能级之间跃迁所发出的辐射相比（1960 年对米的定义）更易重现且更易于使用"。最重要的是，人们发现"在测量激光产生的电磁辐射的频率和波长方面取得的进展导致了人们对光速的一致性难以统一，其准确性主要受限于米目前实行的定义"，另外，"尤其对于天文学和大地测量学来说，1975 年第十五届国际计量大会上提议的光速值保持不变（c = 299 792 458 米 / 秒）存在优势"。

换句话说，科学家认为用光速定义米更可靠，这也是又一次向伟大的爱因斯坦致敬。现代科学技术要求的长度测量精确度，即使是氪-86 原子发射的辐射也不再能胜任。与其追求新的定义，使 c 的测定更加精确，不如到此为止。光速最终根据当时已知的最精确值 299 792 458 米／秒定义，而米则是根据光速和秒的定义间接推导出来的。

由于速度对应长度测量值与传播时间的比值，因此米被定义为：光在 1/299 792 458 秒内传播的距离。正如我们看到的那样，米的定义是间接的，是基于秒的定义，但因为有了原子钟，其测量精度远高于直接测量的米的精度。

基于人工制品定义米的时代终结了，其他测量单位定义的更新也由此拉开序幕。有了米的定义，人类开始认可一个并不依赖于实物，而是完全基于光速和其他基本物理常数的测量体系。这些常数对我们知道的一系列科学原理至关重要，它们构成了我们持续探索自然法则的认知基础。

这是一个最终真正适用于所有时代和所有人的计量体系。

丈量 ——————
世界的
历史

Le 7 misure
del mondo

▶ **长度之尺**

1. 几千年来，人类一直有要用一套全球通用的计量单位体系来描述和理解我们周围的世界和大自然的雄心壮志，而通用的计量单位体系将跨越国界和主权，成为全人类的财富。

2. 对长度的测量是人类最古老和最熟悉的测量之一，因为它与农业等对人类来说至关重要的生命活动息息相关。

3. 长度测量或多或少是一项地方事务，每个地方都有自己的计量单位，这些计量单位通常以石碑的形式在人流量大的地方展示。但是缺乏统一的计量标准使交易变得极其困难，这也包括土地与财产的计量，而且往往会使弱势群体受制于当权者。

4. 19 世纪末到 20 世纪初，物理学进入了一个颠覆性的时代，它的发展使铂杆这一米原器退役了，因为无论多么细致、精准的金属棒都无法承受新物理学日益紧迫的需求。人工制品不可避免的易腐性终被自然界的永恒性所取代。

第 2 章

时间革命：
从伽利略到爱因斯坦

Il secondo

Le 7 misure del mondo

飞行的钟

　　每个人都会有疯狂的时刻。幸运的话，这些时刻会发生在人们的梦境里，因此不需要承担任何后果。但有的人却在醒着的时候犯糊涂，他们中有些人是为曾遭受的痛苦复仇，有的人可能是受虐狂，或者仅是出于赤裸裸的残忍。我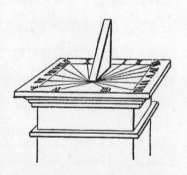
认识的很多人会购买这样一种装饰品：一摇晃就好似里面飘雪的神奇玻璃球。其原理都是一样的，即充满透明液体的球体内部固定了一个再现某种风景的小型立体人工制品。大部分是圣诞节场景，但也有一些是著名建筑物、木偶、漫画人物或宗教场景。这种美是维也纳手术器械制造商埃尔文·佩尔齐（Erwin Perzy）的独创性成果，他在 1900

年制作了第一个样品：其内部是玛丽亚采尔大教堂的模型，以及用磨碎的米粒制成的雪。现在，维也纳还有一座纪念这位发明家的博物馆，里面收藏了很多精美作品。

　　尽管有一丝虚伪，但我们中很少有人大方承认自己确实曾抵不住诱惑想买一个内部装有假雪的玻璃球，少数承认的人也会将该行为披上一层文化外衣，比如借口说奥森·威尔斯（Orson Welles）的电影《公民凯恩》（Citizen Kane）中的著名场景用的就是这个小玩意儿。根据几年前多家报社的报道，这种玻璃球是伦敦机场安检中检获最多的物品，这或许可以说明这件纪念品的成功。因为许多这种玻璃球内的液体含量超过了机场允许的随身携带行李中的液体含量，所以它们就在安检人员的手中结束了旅程，也很可能因此挽救了一段友谊或浪漫关系。在伦敦机场的违禁物排行榜上，还有其他更常见的物品，比如化妆品、酒瓶、网球拍，甚至还有手铐。好像没有原子钟。

　　1971 年，尽管当时的机场管制更加严格，但约瑟夫·哈弗勒（Joseph C. Hafele）和理查德·基廷（Richard E. Keating）将原子钟带上飞机时也没遇到什么特殊问题。从当时的影像看，那是个相当大的平行六面体，差不多有一个中型冰箱那么大，它和它的两位同伴多次共同环游世界。

　　哈弗勒和基廷分别是物理学家和天文学家。原子钟飞行是当时一项重要实验，即用肉眼可见的时钟来验证爱因斯坦相对论预测的运动和引力引起的时间变化。著名杂志《科学》在不久后发表的一篇论文证明该实验取得了成功："1971 年 10 月，4 个铯原子钟乘坐商业航班环游世界，一次向东飞行，一次向西飞行。它们记录了时钟与地球因相对运动产生的时间差，这与相对论的预测结果一致。将这 4 个铯原子钟与美国海军天文台的国际原子时相比，向东飞行的时钟慢了 59±10 纳秒[①]，向西飞行的时钟快了 273±7 纳秒，这里的误差是相应的标准差。人类通过肉眼可见的时钟获得的测量成果为著名的'时间悖论'提供了明确的解决方案。"

如果你在一架时速约 900 千米 / 时的飞机上，那一天的时间会延长几十纳秒。这似乎是一个微不足道的时间长度，但即使只是一部智能手机，在这段时间里也能做几十次算术运算……

时间究竟是什么

没有任何一个物理量能够像时间一样在科学领域之外同样具有重大意义。这并不奇怪，因为时间的流逝与我们拥有的最宝贵的东西——生命有关。时间能安慰我们、锻炼我们、给我们希望，也能教

---

① 1 纳秒为十亿分之一秒。

会我们一些事情。我们生活在过往的经验与对
未来的期望之间，即此刻。同时，时间制约着
我们的存在，我们试图克服它，但没有太多成
功的希望。时间显然是我们人类与生俱来的经
验，因此也不难想象描述它有多么困难。希
波的奥古斯丁在公元 4 世纪就已经意识到了这
点，并思考了"时间是什么？"。他说："若无
人问我，则我知道；若有人问我，则我不知
道。"诺贝尔奖得主理查德·费曼（Richard Feynman）试图给这个困
境一个切合实际的答案，他在文章中写道："真正重要的不是我们如
何定义时间，而是我们如何测量它。"

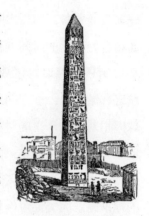

　　这位美国物理学家的务实态度很好地反映了人类自文明诞生之初
所做的事情：在了解时间是什么之前，虽然人类无法控制它，但已经
尝试测量它。一开始人们利用周期性自然现象来测量时间：昼夜交替、
季节更迭、月相变化。这些时间测量技术的共同点是依赖某种周期性
现象，即有规律地定期重复的现象。例如，一天中的日夜更替，或者
像我们将看到的，原子在两个超精细能级间跃迁对应的辐射频率。

　　早在新石器时代就出现了日历，甚至一些学者认为，在法国发现
的一块可以追溯到大约 3 万年前的猛犸象象牙块上雕刻的月相记录是
人类最早的日历。当然，世界各地的许多物品都在争夺第一个日历的

称号。在阿尔巴诺发现的最早的袖珍日历（可能是早期用于农业的标记）距今大约有一万年的历史。它是一块刻着 28 个凹口的圆盘，而这些凹口被认为是表示一个农历月份的天数。

所有时间测量技术的共同点是将时间投射到可见的事物上。 尽管从我们的衰老中也可以感知时间流逝，但要想测量它，我们需要将其具体化，比如影子或指针的运动、钟表的声音、沙漏中的沙子、燃烧的蜡烛或香薰条的长度，甚至是面包师跟前新鲜出炉的面包香气。

与长度测量的情况一样，在时间的测量上古埃及文明与苏美尔-古巴比伦文明也处于当时的最前沿。例如，苏美尔人最先采用六十进制，今天的 1 分钟有 60 秒和 1 小时有 60 分钟采用的就是六十进制。近来，在帝王谷考古发掘中发现的最古老的日晷至少可以追溯到公元前 13 世纪。

方尖碑也是类似的原理，古人通过其阴影变化来计量时间的流逝和季节的变化。如今装饰巴黎协和广场的著名的卢克索方尖碑已有几千年的历史，它是在 1830 年前后由埃及的奥斯曼帝国总督穆罕默德·阿里（Muhammad Ali）赠送给法国人的。奇怪的是当时他只是为了换取一块机械表，这可能对他来说没什么大不了。

但古埃及人的智慧不止于此: 方尖碑和日晷需要太阳，但太阳并不是一直挂在天上。因此，古埃及人又创造了水钟，这是一种盛有水

或沙的漏壶或容器。水或沙从开口处流入有刻度的容器，水量或沙量
与时间成正比。

虽然现在以出口优质手表而闻名的国家是瑞士，但在古代以时间
测量而闻名的其实是埃及。罗马蒙泰奇托里奥广场上的埃及方尖碑是
意大利政治事件的无声见证，但它最初只是奥古斯都皇帝于公元前 9
年在马尔蒂奥广场附近建造的一座宏伟日晷。

日晷和水钟在古罗马非常普遍，但正是由于古罗马文明的发展，
以及其对时间精确测量的需求的增长，突显了当时可用仪器的不精确
性，以至于塞涅卡说："我无法告诉你确切的时间，哲学家们都比时
钟更容易达成一致。"奥卢斯·革利乌斯在《阿提卡之夜》中借普鲁
托之口说出了如今可被视为反科学的言论："愿诸神毁灭第一个发明时
间的人，尤其是第一个在这里建立日晷的人！因为他把我这可怜人的
一天撕成了碎片。当我还是个孩子的时候，肚子是唯一的时钟，它比所
有这些鬼东西都要精准和正确，无论你走到哪里，它都会提醒你吃饭，
不管有没有食物。而现在，纵然你想吃东西，如果太阳不高兴，你也不
能吃。现在，这个城市到处都是日晷，而大部分人都快饿瘪了。"

人类对时间精确度的需求并没有觅得太多解决方案。在古罗马时
期结束后，欧洲的时间计量发展停滞不前，直到中世纪，当人们发现
自己已置身新社会中时，对时间计量的需求才重新浮现。放置在城市

塔楼里的机械钟成为具有当时社会文化特征的工具, 其中最著名的是
1493 年建造的可俯瞰威尼斯圣马尔谷广场的钟楼。**然而, 人类还是需
要借助现代物理学来实现时间计量的真正革命。**

钟摆与节拍器

阿基米德半裸着从浴缸里出来并尖叫着
"我想到了!", 牛顿将苹果放在头顶, 伽利
略被比萨大教堂里不断摇摆的吊灯催眠, 爱
因斯坦冲着摄影师吐舌头: 很多人顺理成章
地怀疑, 物理学或多或少是由奇才怪杰创造
的, 并且这些发现都是灵光乍现的结果。这
种看法虽然被广泛接受, 却并不能公正地评
价一门科学, 因为科学的日常还包括研究、训练、质疑, 当然还有得
到的成果。然而, 就像爵士乐一样, 即兴创作需要非常扎实的技术基
础。**从这个意义上说, 科学和民主在方法上是相通的, 两者都经历
了艰辛的过程。学习和教育是科学的基本要素, 就像面粉对于面包一
样, 这里没有捷径。**

话虽如此, 但是用奇闻轶事来叙述仍然具有吸人眼球的效果, 现
代时间计量的一个重要发现也未能免俗, 那就是摆的等时性。

让我们来到 16 世纪末，此时伽利略是比萨的一名教师，是他率先提出了科学方法论："我们将遵循的方法是让所说的取决于所做的，而从不假设所需解释的是真实的。"当伽利略参观比萨大教堂的时候，他被吊灯有节奏的摆动吸引。通过仔细观察，并用自己的心跳次数来测量吊灯摆动的持续时间（这仍然是一种通过重复现象测量时间的方法），伽利略意识到如果摆角相对较小，那无论摆动幅度的大小如何，所有摆动的持续时间都是相同的，这种现象被称为摆的等时性。传闻被伽利略观察过的那些枝形吊灯今天仍然可以在比萨大教堂中看到。但这很可能不是真的，因为伽利略的观察应该发生在教堂中殿中央悬挂枝形吊灯之前。

撇开传说不谈，摆的等时性是时间计量的一个基本特性。伽利略意识到，通过记录摆动的次数就有可能获得更精确的时间计量方法，就像今天的摆钟那样。伽利略在生命的尽头设计了第一个摆钟，他的儿子文森佐制造了一台摆钟原型，但荷兰科学家克里斯蒂安·惠更斯（Christiaan Huygens）被认为是摆钟的发明者，因为他在 1656 年制造了第一台可使用的摆钟。

摆动现象的应用扩展到了各个领域。17 世纪末，节拍器的鼻祖出现了，即以设计它的法国音乐家的名字命名的卢利埃精密计时器。在那之前，人们将脉搏作为音乐的节奏标准，但显然其结果是相当主观的。卢利埃精密计时器的设计是基于摆的等时性原理，这位音乐家观察到计时器其实是一个长度可调的钟摆，因此其周期可调。艾蒂安·卢利埃（Étienne Loulié）写道："精密计时器是一种工具，从今往后，作曲家将能够用它准确地标注音乐作品的速度。因此，即使在作曲家本人缺席的情况下，他们的音乐也能够完全准确地按照他们的本意演奏。"

现在以卢利埃精密计时器为原型的节拍器可以在音乐表演中以每分钟不同的节拍值为表演者固定节奏。1815 年，德国发明家约翰·内波穆克·梅尔泽尔（Johann Nepomuk Maelzel）首次为节拍器申请了专利，但随后，他与索要该专利的荷兰人迪特里希·尼古拉斯·温克尔（Dietrich Nikolaus Winkel）发生了激烈的争执。

节拍器开始在音乐家中传播开来。在那之前，乐谱中并没有定量地规定一段音乐的演奏速度，只有慢板、行板、快板等定性指示，因此，尽管是同一首曲谱，但每次的演奏速度都会受到表演者自身想法与经验的影响。

节拍器的出现使音乐时间的定义更加客观。它的第一批用户中就有贝多芬，他欣然接受了节拍器并使用它进行创作，甚至把第九交响曲的成功归因于此。正是因为有了节拍器，贝多芬才得以在第九交响曲中标注速度，但遗憾的是，这些注释在 1921 年维也纳的一次作曲家展览中遗失了。随后，他将之前创作的 8 首交响曲和其他乐谱也都标注了速度，但人们对他的注释仍然存在争议，许多音乐家认为他标注的速度过快，甚至有些不和谐。例如，著名的《槌子键琴奏鸣曲》是以每分钟 138 拍这个几乎无法执行的指示开始的。

音乐学家和表演者就这个话题争论不休，于是形成了两个派别：一派决定忽视贝多芬的指示而使用其他方式来确定演奏速度；另一派赞成文献上记载的，并严格遵守这位德国作曲家标注的速度。前者质疑这些注释的真实性或客观有效性，猜测可能是抄写错误或节拍器故障。

马德里卡洛斯三世大学的物理学家阿尔穆德娜·马丁·卡斯特罗（Almudena Martín Castro）和大数据专家伊纳基·乌卡尔（Iñaki Úcar）对这场争论做出了一个有趣而独特的解释。在 2020 年发表的一篇文章中，他们通过数据科学的典型技术对第九交响曲的 36 场不同演出进行了分析研究，发现不同演奏者选择的平均节奏与贝多芬的指示均存在系统偏差。

通过对贝多芬使用的节拍器进行数学建模，两位研究人员认为可能是贝多芬或他的助手错误地使用了节拍器，也许是因为他们对当时尚为全新事物的节拍器的功能还不够熟悉，或其设计尚未优化，因此缺乏可以支持其使用的背景。然而，不管数学结论如何，许多优秀的指挥家仍然会根据贝多芬标注的速度来解读贝多芬的作品。

别想迟到

"如果没有音乐的点缀，时间只不过是一连串必须支付的账单的最后期限与无意义的日期。"

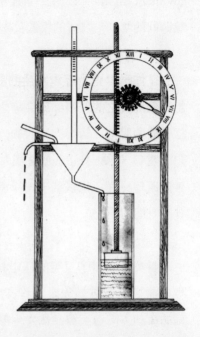

说这话的，是另一位知名音乐家弗兰克·扎帕（Frank Zappa）。我在很多方面都同意这句话，但仍需指出的是，在随着古罗马帝国的灭亡而到来的漫漫科技长夜之后（在这期间，时间计量基本上是由日晷和水钟来完成的），现代时间计量在 14 世纪发展的部分原因是组织日常生活与经济活动的需要。14 世纪，城镇塔楼上的机械钟开始风靡意大利，接着由于伽利略的观察和惠更斯的实践成就，人们在时间计量精度上取得了质的飞跃：计量设备与其精度从以前每天相差 15 分钟的机械钟发展到 17 世纪末每天相差 15 秒的摆钟。时间计量精度的进一步飞跃要归功于约翰·哈里森（John Harrison），他是一个热衷于钟表的木匠。1750—1760 年，他发明了一种精度差约为每天 3 秒的小型时钟。这种时钟成为当时船上用于测量经度的重要仪器，而测量经度在当时是一个非常棘手的航海问题。

20 世纪初，这项技术得到了进一步优化。英国工程师威廉·肖特（William Shortt）于 1921 年发明了一种机电摆钟，它成为当时精确测量时间的基准，每年的误差仅约为 1 秒。

正如科学史上经常发生的那样，当一项技术创新达到顶峰之际，将其取而代之的新事物就会随之出现，钟表也是如此。当肖特制造的摆钟成为时间计量标准的时候，沃伦·马里森（Warren Marrison）和 J.W. 霍顿（J.W. Horton）在贝尔实验室制造了第一座石英钟。它与摆钟的原理一样，也是基于规律重复的现象，因此其持续时间可以用作计量时间的单位。

石英钟利用了石英的压电材料特性，并且可以像音叉那样工作。当电流通过石英晶体时，石英晶体会发生弹性形变，且形变有着规则的律动。而当石英晶体发生形变时，又会产生微弱的电流。普通的石英手表，几十元就可以买到，里面的石英晶体每秒可振动 32 768 次，这为其每月 15 秒左右的精度差提供了保证。早在 20 世纪 40 年代，用于官方计时的石英钟就已经比普通石英手表精准得多，在经过适当的绝缘处理后，石英钟可以不受重力、噪声和机械效应（如外部振动）的影响，这使其比摆钟更坚固耐用，而且精度差约为每年 3 秒，仅略低于肖特的摆钟。它们占尽上风的可靠性和低维护要求使其成为时间计量的标准，直到 20 世纪 60 年代，美国时间间隔标准测量仪器一直使用的是石英钟。

1960 年，人们对于秒的理解仍然与几个世纪以来的一样：它只是地球日的一小部分，而地球日就是我们的星球自转一个星期所需的时间。更准确地说，1 秒等于 1 个地球日的 1/86 400。然而，随着时间的推移，人们意识到这个定义并不准确，而且这个定义已经跟不上科学技术的进步了。地球自转速度的微小变化也使这个定义无法令人满意。1960 年，国际计量大会通过了基于地球绕太阳公转的秒的新定义。虽然这个新定义比之前的定义准确得多，却有些不切实际。这时秒被定义为 1 个回归年的 1/31 556 925.974 7，也就是 1900 年夏至与次年夏至间的时长的 1/31 556 925.974 7。当我们再次以为已经达到一个确定点时，科学的迅猛发展使麦克斯韦几十年前提出的那个富有远见的想法得以实现，这使秒的定义重新受到质疑。

1879 年，这位电磁学之父在给他的同事威廉·汤姆森（William Thomson）的信中建议：可将石英晶体的振动周期作为时间计量参照标准，因为它比地球自转周期更准确。而这个结论也在 20 世纪初被证实。但他的想象力并未就此止步，他还写道："无论如何，基于石英振荡的计量仍旧依赖一块物质，因此依然易腐，最好可基于稳定不变的自然振荡，比如与原子特性相关的自然振荡。"

麦克斯韦和汤姆森的设想在 20 世纪 40 年代第一批原子钟开始出现的时候得以实现，即对周期性重复的相同时间间隔计数，并将其作为时间的度量单位。虽同样是基于振荡现象，却与先前不同的是原子钟与钟摆或石英之类的人工制品无关，而与物质的基本组成部分——
原子的性质有关。

我们在专门讨论米的章节中已经看到，在玻尔原子理论的四个假
设中，有一个假设为只有当在一定轨道上运动的电子以不连续的方式
跃迁到另一个能量较低的轨道时，原子才会发射具有明确能量的电磁
辐射，且辐射频率等于两种定态能量之差除以普朗克常量。反之，如
果想使电子从一个稳定轨道跃迁到另一个具有更高能量的轨道，则需
要提供一个精确等于两个轨道间能量差的能量。由于电子的跃迁，每
个原子可因此发射有限数量和确定能量值的电磁辐射，而这个能量值
就是我们常说的频率。这组能量也就是一个原子的光谱，元素周期表
中的每个元素都有自己独特的光谱，其能量值都是由自然决定的，完
全独立于任何人类行为。

现代原子钟采用铯原子的跃迁频率，即以每秒 9 192 631 770 次
的振荡频率发射和吸收能量。秒的现代定义就建立在这个稳定普适的
恒定值上。由于铯原子的辐射可以在一段时间内进行测量和转换，于
是，在 1967 年第十三届国际计量大会上，秒被重新定义为铯原子的
电子在两个特定能级之间跃迁所对应辐射的 9 192 631 770 个周期持续
的时间。更确切地说，是铯-133 原子基态的两个超精细能级之间的跃
迁。2018 年，在第二十六届国际计量大会上，秒作为基本计量单位，
有了新的定义补充，原子跃迁的辐射频率可用符号 Δcs 表示。

第一个原子钟于 1949 年在美国国家标准局（现为美国国家标准与技术研究院，NIST）的实验室中被建造出来。今天，美国的官方时间都是由美国国家标准与技术研究院的原子钟提供的，其精度非常高——3 亿年内仅会跑快或跑慢 1 秒。

我们再也无法为迟到找借口了。

时间概念的革命

从每天几十分钟的误差到每 3 亿年 1 秒的误差，毋庸置疑，7 个世纪以来，我们在时间计量上已经取得了长足的进步。**然而矛盾的是，人类越是试图通过更精确的测量来利用和控制时间，时间本身的概念就越难以捉摸，以至于即使在今天，理论物理仍然会质疑时间的意义。**

与时间计量一样，时间的概念也同样在 17 世纪发生了巨大的变化，当时围绕时间的科学与哲学讨论已经停滞了 1 000 多年——还记得前面说过的生活在公元 4 世纪和 5 世纪之间的奥古斯丁吗？**当哥**

白尼发表他的第一部著作时，科学革命向前迈出了第一步，但时间的概念却仍然停留在亚里士多德时期，即只有当事件发生时，时间才会流逝。

你们知道篮球比赛是如何计时的吗？进行比赛时，只有球员在运动中，才会计入比赛时间。如果比赛因犯规而中断，则停止计时，比如球出界。这种类比可能有些轻率，但对亚里士多德来说，时间就是类似这样的东西，只有当事件发生时，当有运动时，时间才会流逝。因此，当时人们认为时间不是绝对的，就像每一场比赛的实际时间一样是可变的。1 000 多年来，这一直是有关时间的主流学说，这种思想也渗透于中世纪的文化之中。因此，可以想象当科学革命到来时，尤其以伽利略和牛顿为代表的科学家提出的那些观点具有怎样的颠覆性。

正因为伽利略和牛顿，时间具有了"普世价值"，即时间平等对待任何人、任何地方。于是，它变成了一个绝对参数，可作为衡量自然系统和物理过程演变的指标。那是否可以确定一个可使其他时钟与之同步的基准时钟呢？毕竟时间的存在与它可以被感知到无关。

时间概念革命的基础是伽利略变换，正如我们所知，在匀速相对运动的系统中，物理定律形式不变。换句话说，我们无法通过物理实验确定一个交通工具是静止还是匀速运动。

伽利略变换，以及后来牛顿提出的经典力学，在几个世纪以来一直具有普适性。我们用它们描述行星的运动，了解发动机部件的运动，甚至用来设计飞机。

伽利略变换还提到了另一件事，即时间在两个参考系中保持不变，时间是绝对的。牛顿认为在一个空旷无垠的空间里，尽管空荡荡且什么也没有发生，时间依然在流逝："绝对的、真实的数学时间，就其本质而言，永远均匀地流逝，而与一切外在事物无关，又名持续时间。"继续以运动为例，牛顿认为时间类似篮球比赛的计时时间，即使动作停止，也会过去 90 分钟。时间对每个人都是一条精确界限，它将现在与过去分开，我的现在也是所有人的现在。如果我丢下这本书，我可以准确地测量它掉到地上用了多长时间。这段时间对所有人来说都是一样的，无论他们身在何处。

融化的时间

据说，在对年迈的毕加索的一次采访中，一位记者问毕加索是否可以给他画一幅素描作为那次采访的纪念品。毕加索拿起铅笔和本子很快就画了一幅。记者问他："您知不知道，这幅只花了您几秒的素描，现在我能卖到几千英镑？"毕加索回答说："画这幅画需要的不是 8 秒，而是 80 年。"

米开朗琪罗绘制西斯廷教堂壁画花了 4 年时间，
但他的其他著名画作则用时甚少。据萨尔瓦多·达利
（Salvador Dalí）回忆，他的名画《记忆的永恒》只花
了一两小时就完成了，也就是他因头疼而错过与妻子
加拉去电影院看个电影的时间。

《记忆的永恒》创作于 1931 年，描绘了布拉瓦
海岸的景观，画作上几块柔软到几乎融化的时钟极为
突出。这幅画展现了人们对时间的反思，以及对人类
经验的思考。时钟的融化意味着客观存在的时间变得
灵活、主观且相对个人化。怪不得许多评论家都谈到
过爱因斯坦的相对论对达利的巨大影响，因为当年相对论引起了广泛
关注，并时常成为人们谈论的话题和辩论的中心。而仅在两年前，即
1929 年，《纽约时报》的一篇文章在提到爱因斯坦时曾说："一个男人
在一个漂亮女人的陪伴下坐两小时，似乎只过去了一分钟。但是让他
在炉子上坐一分钟，他会感觉像是两小时。这就是相对论。"

我们不知道爱因斯坦是否真的举了这个例子，**但爱因斯坦确实
用相对论彻底改变了人们对时间的概念，否认了时间的绝对性。时间
不再是一个绝对的概念，它在以不同速度运动的系统中以不同的方式
流动。**对于一个静止的观察者来说是同时发生的两个事件，但对于另
一个运动的观察者来说可能不再是同时的事件。这是另一场时间的革

命，与伽利略时代相距仅 3 个世纪。

　　直到 18 世纪末，力学都是基于伽利略的相对性原理和绝对时间的概念。但那些年，电磁学正在蓬勃发展，这门科学描述了社会、经济和日常生活中越来越普遍的电磁现象。想想电灯照明带来的革命，想想伽利尔摩·马可尼（Guglielmo Marconi）的第一次越洋通信，再想想第一台电动机。简言之，电磁学无疑是革命性的。因此，当物理学家意识到描述它的方程（即麦克斯韦方程）与伽利略变换不一致时，这就是一个大问题。麦克斯韦方程在伽利略变换中不再保持不变，运动中的电磁现象也不同于静止中的电磁现象。这真是个棘手的问题！

"现在"的相对性

　　"可是您做的这些实验有什么用呢？"据说某天英国财政大臣向法拉第提出了这个问题，一个暗藏杀机的危险问题。19 世纪中叶，法拉第是一位效力于国王的科学家，但他对财政大臣的工作有其他看法。然而，法拉第并没有被迷惑，"准确地说，我不知道。"他回答，"但总有一天您肯定能对它征税。"法拉第是对的。他正在做的这项实验将证明导体在磁场中的运动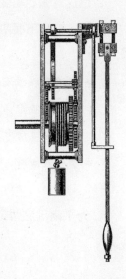

可将动能转化为电能。这基本就是现代发电机的原型。快去看看电费账单吧，只能说他的想象力实在太丰富啦！

在那些年里，电磁学令人兴奋不已，一方面是它有越来越多的实际应用被开发出来，另一方面是它在理论上也得到了麦克斯韦方程更完整的描述，这也要归功于法拉第。

而且描述电磁场状态的麦克斯韦方程还有另一个成果：让我们想象一个光源，比如一个灯泡，它发出的光总是以每秒 299 792 458 米匀速移动，这个速度与光源移动的速度无关。换句话说，无论我们走得多快，手中的光总是以同样的速度运动，即每秒 299 792 458 米。也就是说，在任何参考系中，光总是以相同的速度运动。

但这对伽利略变换来说是个棘手问题。而爱因斯坦的解决方案值得称赞，他从下面两点进行了解释。

- 在所有以恒定速度相对运动的系统中，所有物理定律都保持不变。换句话说，我们无法用物理定律确定一个系统是否处于匀速运动中，即该系统处于绝对速度中。
- 光速在所有运动参考系中都是相同的。

为了满足这两个条件，爱因斯坦修改了两个以速度 v 相对运动的参考系之间的伽利略变换，将其变为：

$$x' = \frac{x - vt}{\sqrt{1 - \dfrac{v^2}{c^2}}}$$

$$y' = y$$
$$z' = z$$

$$t' = \frac{\left(t - \dfrac{vx}{c^2}\right)}{\sqrt{1 - \dfrac{v^2}{c^2}}}$$

方程也许看上去很复杂，但要知道：这可是革命性的！

在伽利略变换中，时间是一个独立于参考系与空间坐标的参数，即时间对所有系统都是一样的。但爱因斯坦使时间失去了它绝对的特权，他将时间 t 与由坐标 x、y、z 描述的空间混合，使它变得相对。时间不再是一个绝对的、独立的量。

相对论告诉我们，时间在运动系统中流逝得更慢，因为它会膨胀。假设一趟列车以极其接近光速的速度启动，车内时钟显示用时 1 秒，但车站观察者的时钟显示的时长将超过 1 秒。

举个例子，如果火车以每秒 270 000 千米的速度行驶，也就是光速的 9/10，对于静止的观察者来说，时间过去了 10 分钟，而对于火车上的人来说，时间只过去了 4 分钟。如果你们想保持年轻，那就去找一趟接近光速的火车吧！

爱因斯坦的相对论使伽利略变换中的绝对同时性概念也陷入危机。"现在""此刻"的概念，不再具有普遍意义。如果按照普通的、相对论之前的思维方式来说，"现在"的概念被认为是理所当然的，"此刻"这个词具有非常确定的含义，适用于宇宙中的任何地方。

而对爱因斯坦来说，在一个参考系中的两个事件的同时性在另一个系统中可能不再成立；在不同地方同时发生的两个事件，对于静止的观察者来说是同一时刻，而在相对移动的参考系中观察时，例如在火车上，两个事件就不再是同时发生的。

我们不能再谈"现在"了。让我们抓住这一刻，你们正在阅读这一行的此刻。以前，在牛顿的相对论中，关于我的"现在"、我的"此刻"，有一条在过去与未来之间延伸到整个宇宙的精确的分界线，也就是在你们读完这个词的这一确切时刻——一个绝对边界。

然而，爱因斯坦让一切都变了。

时空之影

假设一名航天员雄心勃勃地开始执行一项太空任务，并降落在距离太阳系最近的恒星比邻星上。比邻星距离地球大约 4 光年，约为 400 000 亿千米。这意味着光从比邻星到达地球需要 4 年，这也是信号从那颗恒星传递到我们这里所需的最短时间。

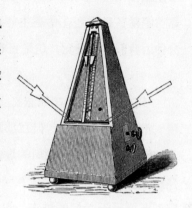

一登陆，航天员就打开了一个直播社交媒体，然后开始进行直播，告诉我们他的情况。但他的影像将在他开始直播 4 年后送达我们这里。所有的电视报道也都将迟到 4 年。

"瞧，现在你们可以看到比邻星的一位居民向我走来。"这位航天员在视频中一边跟我们说话，一边把画面对准了一位当地人。但他的"现在"与我们的"现在"却有截然不同的含义。

我们的"现在"是与电视报道一起到达的，指的是 4 年前。不再存在一个"现在"，一个将过去与未来分开的普适的"现在"。我们不知道此刻在比邻星上正在发生什么，我们无法知道此刻那位当地人是不是给航天员倒了一杯咖啡，或者他没那么善解人意，只是关心宇宙飞船是不是需要补充燃料。但我们只能在 4 年后揭开谜底。现在你们可能正在太阳下阅读这本书，但你们其实并不知道此刻我们的这位专属"明星"是否还在熠熠生辉。因为太阳实际上可能已经熄灭，而 8 分钟后我们才会发觉，这是它的光到达地球所需的时间。

"现在"不再是物理意义上可观察到的。比如比邻星，我们需要用 4 年时间来测量它。但在那颗恒星上，一系列事件已经发生了，毫无疑问它们肯定属于我们的过去，而且是发生在 4 年前。还有一些事件属于我们的未来，至少在 4 年后发生，于是有 8 年不确定的时间，它们既不属于我们的过去，也不属于我们的未来。这 8 年中的事件，一半我们不知道，一半我们无法影响。如果我们的超级计算机可以预测到 6 年后的比邻星上会下雨，那我们就可以向航天员发送信息，以影响未来，比如让他买一把雨伞，以免被淋湿。但如果我们只能预测 3 年后那里会下雨，我们就无法向他提前发送预警。

"过去"是航天员可以向观察者发送光信号，从而影响观察者的一组事件；"未来"是观察者可以向航天员发送光信号，因此原则上可以受到观察者影响的一组事件。然后一系列新的事件在我们现在无法影响的时空中出现了，它们也无法影响我们的现在和我们所处的这个地方，因为没有什么能比光传播得更快。这一系列新事件是延展的现在，它既非过去，也非未来，它是爱因斯坦相对论的结果。这个延展的现在持续的时间取决于位置：对于太阳来说它是 16 分钟，对于比邻星来说它是 8 年。如果说在爱因斯坦之前，空间和时间是两种截然不同的实体，而现在它们被放在一起考虑，这就是"时空"。接受它并非易事，因为绝对时间的概念根植于我们的经验。

正如爱因斯坦在苏黎世上学时的教授、数学家赫尔曼·闵可夫斯基（Hermann Minkowski）所说："从今以后，空间本身和时间本身都注定会化为阴影，只有两者之间的某种结合才能保持一个独立的存在，即时空。"

富有弹性的时空

时间也受附近物体质量的影响，这是广义相对论的结果。广义相对论是狭义相对论的延伸和完善。

爱因斯坦用广义相对论将相对性原理与万有引力定律①结合在一起。控制行星运动的引力充满了时空。**时空不再是空洞、僵硬的东西，而是变成了一个富有弹性的物理实体，一种网格与引力作用线重合的网络，一种在有质量的物体附近会弯曲的网络，物体质量越大，网络弯曲就越大——就像床垫一样，坐在上面的人越重，床垫下陷就越大。**

_____

① 描述两个物体如何通过引力相互作用的另一个基本物理定律。

大质量物体会使时空产生弯曲，而这种弯曲又会吸引其他物体。地球因其速度绕太阳旋转，就像一个自行车运动员在赛道上比赛一样，你知道那些倾斜的赛道吗？只要处于运动状态，自行车就会在倾斜的赛道上保持高位。而当自行车停止运动时，位置就会下降，直至赛道底部。这跟我们偶尔会在博物馆见到的那种可以扔硬币进去的漏斗一样。地球如果慢下来，就会被拉向太阳并与太阳相撞。我们还可以用广义相对论理解黑洞。质量极其巨大的物体，会将周围的一切都吸引到它们身边，并使其无法逃逸，包括光。

广义相对论进一步修正了时间的概念。事实上，时间不仅受运动的影响，还受重力和质量的影响。时间又失去了其绝对性的一部分，现在它以不同的速度流动，而速度取决于周围的质量。

时间越接近物体，流逝得越慢，因此在地球上，高处的时间（实际上离地球更远）比低处过得更快。这仿佛在说，个子高的人老得更快。若以人为尺度，这种影响极小，但可以测量，正如我们在本章开篇谈到的哈弗勒和基廷的实验证明的那样。2018 年，意大利国家计量研究所的研究人员将一个便携式原子钟带到了弗雷瑞斯山的一个实验室，他们证实了那里的时间比海拔低于 1 000 米的都灵办公室的时间过得更快。

广义相对论最令人印象深刻的实验证明之一是科学家对引力波的

测量。引力波是时空中非常微弱的涟漪，这种像海浪一样传播的涟漪由宇宙尺度上质量分布的变化引起，例如两个黑洞之间的碰撞。但是相对论描述的时间修正具有更实际的效果。现在我们口袋里的手机都内置了 GPS，如果 GPS 系统不考虑相对论对时间流逝的修正，那么就会误算所距位置的千米数。

GPS 卫星在距地球表面约 2 万千米的轨道上运行，相对于地球的速度约为每小时 1.4 万千米。如果我们计算一下，就会发现仅仅是狭义相对论的影响就会使 GPS 卫星的时钟每天慢约 7 微秒。当然，对我们来说这只是百万分之几秒，但如果 GPS 手表没有考虑到这一点，并且鉴于卫星向我们的 GPS 手表接收器发送的电磁波在 1 纳秒内传播的距离大约为 30 厘米，那么 7 微秒就相当于 2 千米的误差！

如果我们再考虑到引力的影响，再加上 GPS 手表接收器和卫星之间有 2 万千米的距离，那么定位误差将上升到 18 千米！简言之，如果没有爱因斯坦，我们永远也找不到那座迷失在山间的实验室。

丈量 ——————
世界的
历史

Le 7 misure
del mondo

▶ **时间革命**

1. 在了解时间是什么之前，虽然人类无法控制它，但已经尝试测量它。一开始人们利用周期性自然现象来测量时间：昼夜交替、季节更迭、月相变化。

2. 在古罗马时期结束以后，欧洲的时间计量发展停滞不前，直到中世纪，当人们发现自己已置身新社会中时，对时间计量的需求才重新浮出水面。

3. 摆的等时性是时间计量的一个基本特性。摆的等时性是指，如果摆角相对较小，那无论摆动幅度的大小如何，所有摆动的持续时间都是相同的。节拍器就是基于摆的等时性原理，它的出现使音乐时间的定义更加客观。

4. 现代时间计量的发展是出于组织日常生活与经济活动的需要，从 14 世纪的机械钟到 20 世纪的原子钟，时间计量的精度越来越高；人们对时间的理解也随科学的发展发生了变化，从亚里士多德的时间范式、绝对的时间再到相对的时间。

第 3 章

质量之器:
普朗克常量与薛定谔的"波"

Il chilogrammo

Le 7 misure del mondo

物理学家的信件

亲爱的爱德华多。

我的元首！

很难想象，两封分别这样开头的简短信件会
有什么共同之处。但确实有太多东西将这两封信
联系在一起。首先，它们的书写日期都是 1944
年，之间仅仅相隔几个星期：第一封信写于 8 月 15 日，第二封信写于
10 月 25 日。其次，它们都透露出写信人对所爱之人命运的担忧。最
后，信中字里行间表达了写信人对工作的热忱。但在一个受可怕的独
裁、法西斯主义和纳粹主义压迫的时代悲剧里，这两种情感都会受到
影响。最重要的是，这两封信的作者都是著名的物理学家，他们分别

是恩利克·费米（Enrico Fermi）和马克斯·普朗克（Max Planck）。

　　1944 年的夏天对费米来说是一个动荡的时期。费米写的这封信是在芝加哥被盖上邮戳的，当时这位意大利物理学家正要搬往美国新墨西哥州的洛斯阿拉莫斯。1938 年，作为纳粹种族政策的受害者（他的妻子是犹太人），费米借获得诺贝尔奖之机离开了意大利。他先到斯德哥尔摩领奖，然后在哥本哈根短暂停留，在拜访了尼尔斯·玻尔后，他启程前往美国。在美国，费米最开始在纽约市的哥伦比亚大学工作，后来他搬到了芝加哥大学。1942 年，他在那里建立了原子反应堆，并成功完成了第一次链式裂变反应实验，打开了开发核能的大门。1944 年，罗伯特·奥本海默邀请他到洛斯阿拉莫斯参与曼哈顿计划。该计划生产了美国第一批原子弹，其中两颗被投向了广岛和长崎。

　　费米这封信的收件人是爱德华多·阿马尔迪（Edoardo Amaldi），他是帕尼斯佩纳大道研究小组中最年轻的物理学家之一。1944 年 6 月 4 日，美军在马克·韦恩·克拉克将军（Mark Wayne Clark）的指挥下将罗马从纳粹手中解放出来。费米利用重新开放的罗马通信线路给他的这位同事和朋友写信："亲爱的爱德华多，我在刚从意大利回来的富比尼那里听说了你的近况。现在美国与罗马的邮政通信正式重新开放，我希望这封信能有机会送达。"紧接着，他谈到了妻子劳拉·卡彭（Laura Capon）的父亲奥古斯托："你可以想象，劳拉为她父亲感到非常难过，生死未卜比确定遇害更加糟糕。"劳拉的父亲奥古斯托·卡彭（Augusto Capon）是一名犹太人，是意大利皇家海军的著名海军上将，他担任意大利海军秘密情报局的负责人直至 1938 年。但当 1943 年 10 月 16 日意大利法西斯分子和德国士兵在这座城市突然开始搜寻犹太人时，他未能幸免于难。就在那天，奥古斯托在日记中写道："罗马发生了不可思议的事情。今天早上，一群法西斯分子与一些德国士兵一起，不分年龄和性别地带走了犹太人，而且没人知道他们被带到了哪里。事实是肯定的，方式尚不确定。"一个星期后，奥古斯托死于奥斯威辛集中营。

在这封信中，费米还流露出对意大利物理学发展的热情。在经历了黑暗的岁月及意大利科学研究的瓦解后，费米表现出一种乐观的态度："我很高兴听到你和维克希望能够尽快组织恢复科学工作，并且对未来持乐观态度。从大西洋这边的情况来看，我觉得意大利的重建可能不会像其他欧洲国家那样困难。当然，法西斯主义堕落到如此悲惨的地步，在我看来，已经没有什么可惋惜的了。"

相反，德国著名物理学家、1918 年诺贝尔物理学奖获得者、量子力学之父普朗克则向战争和犹太人灭绝的恐怖根源——阿道夫·希特勒乞求怜悯，而他这样做是为了他的儿子欧文。

希特勒在 1933 年上台执政后不久就亲自接见过普朗克。当时 75 岁的普朗克是德国最具权威的科学家，也是引领德国科研发展并享有盛誉的威廉皇家学会（KWG）的主席。他以这一身份要求与几个月前就任的新总理希特勒正式会面，其目的本是自我介绍，但也希望借此机会为几个月来遭受迫害已被免职的犹太科学家求情；与其他同事不同，普朗克不想离开德国，但期望能在保持对国家忠诚的同时不遭受疯狂的纳粹政策的胁迫。这些犹太科学家中包括他的朋友弗里茨·哈伯（Fritz Haber）——1918 年诺贝尔化学奖获得者。无论是出于信念，还是因为缺乏勇气，或是出于现实主义，总之，普朗克没有向希特勒表达对种族政策的不满；也许，如果他这样做了，就回不了家了。普朗克务实地试图说服希特勒，德国失去这么多犹太知识分子是自残行为。他回忆说，如果没有哈伯的科学研究，德国很可能在第一次世界大战初期就被击败，并且众多杰出的德国科学家都是犹太人。

然而，希特勒不想听道理。"我正在与犹太人做斗争，"他这么回答普朗克，并嘲笑着说，"这将意味着我们在未来几年并不指望科学。"考虑到那些因逃离纳粹法西斯主义而为原子弹的发展做出贡献的物理学家的数量和质量，希特勒的这个声明显然不是没有代价的。这次谈话很快变成了希特勒越来越激动和愤怒的独白，对此，普朗克保持了沉默。

普朗克第二次尝试联系希特勒时距上次会面已经过去了 11 年，这一次是以书面形式。此时，希特勒已将全世界拖入战争，而战争的倒霉命运已转向了纳粹德国。一把年纪的普朗克受到了生活的考验，他在科学上的成功伴随着连续不断的家庭悲剧。1909 年，他失去了他的第一任妻子，他的长子卡尔在第一次世界大战期间的凡尔登战役中阵亡，他的双胞胎女儿格蕾特和艾玛在 1917—1919 年死于分娩。1944 年，他在柏林的家被炸毁。他的次子欧文在 1914 年被俘，幸好最后设法回家了。

战后，欧文担任了政府职务，最后成了两位德国总理冯·帕彭（von Papen）和冯·施莱谢尔（von Schleicher）的副部长。当后者于 1933 年辞职而希特勒接掌政权时，欧文已辞去公职投身商业，但同时保持着对政治的浓厚兴趣和对希特勒的批判立场。1943 年年底，欧文与其他人一起策划了瓦尔基里行动，这是一场旨在消灭希特勒并与盟军和平谈判的政变。这次行动的策划者是国防军克劳斯·冯·施陶芬贝格上校（Claus von Stauffenberg），他们计划在位于拉斯滕堡（现为波兰克特钦）的被称为"狼穴"的元首总部内用炸弹杀死希特勒。在 1944 年 7 月 20 日的一次会议上，施陶芬贝格将装有炸弹的公文包放置在会议室的桌子下，紧挨着希特勒。但由于一系列巧合，炸弹的两个触发器中只有一个起了作用，而一名军官在爆炸前不小心用脚移动了公文包，炸弹虽然爆炸了，而且造成了很大损失，但希特勒只受了轻伤。很快，共谋者和数千人被捕。其中包括欧文，他被盖世太保带走，不久后被判处死刑。

欧文 80 多岁的老父亲试图利用他的人脉和他作为伟大科学家的

声誉将他的儿子从绞刑架上拯救下来。10 月 25 日，他写信给希特勒：

> 我的元首！
>
> 得知我的儿子欧文被人民法院判处死刑，我深感震惊。
>
> 我的元首阁下，您对我在为祖国服务方面所取得的成就一再表示最崇高的赞赏，这使我相信，您会关注一位 87 岁老人的哀求。
>
> 我的工作已成为德国永恒的知识财富，作为德国人民对我毕生工作的感激之情，我为我儿子的生命恳求您。
>
> 马克斯·普朗克

与费米的信一样，从这封信里也同样看到了普朗克对物理学的热情。普朗克自豪地回忆着他的贡献——其贡献已成为他的祖国乃至全人类的财富。普朗克——一位诺贝尔奖得主，他对自己的国家忠心耿耿，但直至最后一刻他仍在乞求希特勒的怜悯，这是一个绝望的举动。也许他在写这封信的时候，也记起了 11 年前的会面，他很清楚，希特勒在那时就对犹太科学家毫不留情，现在对他的家人也不会有任何怜惜。

科学难道能对纳粹的疯狂计划产生影响吗？

欧文于 1945 年 1 月 23 日被绞死。4 天后，反法西斯联盟解放了奥斯威辛集中营，但大屠杀的恐怖已传遍了全世界。

才能与角豆种子

　　耶稣给门徒讲了一个寓言: 有一个人要出门旅行,
他召来仆人, 把他的财物交给他们。他给了一个仆人 5
个塔兰特 (talent), 给了另外一个仆人 2 个塔兰特, 还
给了一个仆人 1 个塔兰特。他根据每个人的才能分配完
财物, 就出发了。那个得了 5 个塔兰特的仆人, 立刻用
这笔钱又赚了 5 个塔兰特。收到 2 个塔兰特的仆人也又
赚了 2 个塔兰特。只得了 1 个塔兰特的仆人, 挖了一个地洞, 把主人
的财物藏在了那里。许久之后, 主人回来了, 找仆人们结清账目。

　　这个寓言取自《马太福音》, 这可能是《新约》中最著名的段落
之一。耶和华赐给仆人的才能, 代表着神赐给人的礼物, 使人得益。
因为这段圣经故事, 今天外国人通常将名词 "才能" (talent) 与这个
寓言故事联系起来, 但奇怪的是,《马太福音》中描述的塔兰特实际
上是非常具体的东西。这个塔兰特其实是在古巴比伦时期就已经存在
的一种质量计量单位。在古希腊, 1 塔兰特等于 26 千克, 相当于装满
一个双耳瓶所需的水的质量。塔兰特也可以是等质量的贵金属, 上述
寓言故事中的塔兰特可能就是指白银。据说 1 塔兰特的白银在古希腊
足以支付一艘三列桨座战船上全体船员 (大约 200 人) 的月薪。

　　与长度和时间一样, 人类自文明诞生之初就开始测量物体的重

量。准确地说，我们应该讨论的不是重量，而是质量，它其实是国际单位制中的一个基本物理量。在日常用语中，"重量"和"质量"这两个词经常被混淆，这是因为我们生活在地球表面，地球通过向每个物体施加引力（也称重力）而将其牢牢地固定在地球上，所以我们在地球上仅用普通的秤即可测量物体的质量。正如牛顿理解的那样，地球上物体受的重力与其质量成正比。测量力是相对容易的，尤其是可以用比较的方式，比如托盘天平，或水果卖家使用的提秤。这两种情况都是将被测量物体的质量与样品质量相对照。

与长度和时间的计量一样，制定质量计量标准的主要动力来自日常生活的需求，特别是来自商业的需求。印度河流域（今天的巴基斯坦附近）出土的与秤相关的古代文物可以追溯到公元前 2400 年至公元前 1700 年。埃及考古发现的与秤有关的文物，也几乎是同时代的——公元前 1878 年至公元前 1842 年。考虑到尼罗河沿岸文明发展中贸易的传播，秤的使用很可能要早得多。秤在当时还有一个特殊的意义，即在埃及神话中，长着犬科动物头的阿努比斯（Anubis）是坟墓和死者的保护神，他使用天平称量死者的心脏，并将其与羽毛进行比较：这一测量将决定死者能否进入来世。考古中经常发现的是质量标准物，即用于平衡待测量物品质量的光滑石头或天平的平衡臂。英文中 balance（天平）这个名词就来源于拉丁语 bis（两个）lanx（盘子）。

古罗马测量质量的主要单位是磅，它的名字来源于拉丁文 libra，即天平。许多古代计量单位源自小麦或角豆种子，克拉这个单位就来自后者，至今仍被世人用于测量宝石的质量。1 克拉在过去可以分为24 份，并被用来称量热那亚和威尼斯贸易市场中的货物。例如，在13 世纪的一份度量衡法规中，我们可以读道："在整个王国的一致认可下，王国的度量标准得以确立，一枚被称为英镑的圆形无加工痕迹的英国硬币，质量为 32 粒带皮干小麦；且 20 便士为 1 盎司，12 盎司为 1 磅。"正如亚历山德罗·马尔佐·马格诺（Alessandro Marzo Magno）在他的《货币的发明》（*L'invenzione dei soldi*）一书中指出的那样，**质量计量与贸易之间的联系也反映了这样一个事实：许多货币名称源于质量计量，例如里拉、英镑、比塞塔和马克。**

质量计量单位的发展与长度计量单位的发展一样，贸易的日益全球化和 18 世纪席卷欧洲的启蒙精神对定义一个通用系统起到了决定性的推动作用。

这一时期的杰出代表是乔瓦尼·法布罗尼（Giovanni Fabbroni），他是一位博学的科学家，1752 年出生于佛罗伦萨。法布罗尼是一位化学家、博物学家、农学家和经济学家，曾任佛罗伦萨皇家物理与自然历史博物馆馆长和托斯卡纳铸币厂厂长。作为一个兴趣广泛且博学多才的人，他受到了美国第三任总统托马斯·杰斐逊的关注。当时，美国非常渴望将这位杰出的人物纳入麾下，但法布罗尼礼貌地拒绝了杰斐逊请他去美国的邀约。

总之，他留在了意大利，与法国科学家路易斯·莱夫雷-吉诺（Louis Lefèvre-Gineau）一起为千克的定义发挥了关键作用。多亏了他们，大革命中的法国在 1795 年决定用温度为 4℃ 时 1 立方分米的纯水的质量来定义千克。在他们之前，千克定义中水的温度为 0℃，这与 4℃ 之间的差异非常重要。实际上，法布罗尼和莱夫雷-吉诺发现，温度为 4℃ 时水的密度最大，选择 4℃ 可以使千克的定义更稳定。

顺便说一句，水的特性非常独特，不单单是因为其与大部分已知物质不同，水对生态系统也尤为重要。在冬季，水体只在表面结冰而其深层依旧可以保持液态，这确保了水生物种的生命得以维持。遵循法布罗尼和莱夫雷-吉诺的定义，1799 年国际计量局制作了千克基准。这是一个与 4℃ 下 1 立方分米水质量相同的铂圆柱体，该标准物被保存在位于巴黎的法国国家档案馆。

1875 年的《米制公约》确认了千克的定义，并将其具体化为一个新的人工制品，即国际千克原器。这是一个由 90% 铂和 10% 铱组成的圆柱体，一直保存在国际计量局。国际计量局根据该原型制作了许多复制件，其中 6 份保存在国际计量局，其他的则分发给该公约的成员国。国际千克原器的 5 号复制件于 1889 年运抵意大利，之后抵达的还有 62 号和 76 号复制件。

然而，跟"米"一样，"千克"也出现了同样的问题。以实物为基准，无论多么精巧，其都会有随着时间的推移而出现劣化的风险，比如被污染或被腐蚀。通过 1899 年开始并一直持续到 2014 年的一系列测量证实，与国际千克原器同批生产的 6 个标准物与国际千克原器相比质量增加了，100 年平均增长了 50 微克。与那些正在节食却热切地盯着一盘意大利肉酱面的人相比，这实在算不了什么噩梦，但这却足以破坏通用标准物严格的精度要求，特别是还要面对现代科学技术对精确度日益严苛的需求。

一边度蜜月，一边观太阳

亚瑟·爱丁顿（Arthur Eddington）是一位伟大的英国天文学家和物理学家，他生活在 19 世纪和 20 世纪之交，一生致力于恒星行为的基础研究。他是第一个假设核聚变是恒星基本动力来源的人。爱丁顿也是爱因斯坦的崇拜者，他试图通过宣传广义相对论来打破在第一次世界大战期间与之后大众对讲德语的科学家的空前孤立。但他的成就不仅限于此，他还是第一个通过实验证明太阳质量的人。我们的专属恒星——太阳，从地球上看它像一个小圆盘，最多在日落时稍微大一些，因为太阳在日落时处于低位地平线。实际上太阳是一个相当大的物体，它的质量如果以千克为单位进行描述需要 31 位数字，约为地球质量的 33 万倍。

广义相对论是革命性的，并且其数学推理非常复杂，因此未能立即被所有人接受。爱因斯坦本人也意识到需要一个实验证明，于是他提出了一个关键的验证方案，即通过测量和比较遥远恒星发射出来的光线在经过太阳引力场前后的偏移程度来证实相对论的正确性。然而，太阳的亮度使任何直接观测都无法进行，因为谁也无法使太阳熄灭。不过在日全食期间，人们将有可能拍摄到太阳附近的恒星，并验证它们发射的光线是否有明显偏移。

柏林天文学家埃尔温·弗伦德里奇（Erwin Freundlich）接受了这一挑战。弗伦德里奇将自己的婚礼安排在了 1913 年夏天，并在阿尔卑斯山度蜜月。他借机在苏黎世与爱因斯坦会面，两人一起讨论了该实验。我们没有直接证据表明弗伦德里奇夫人对此事的反应。事实上，正是这次会面引发了在 1914 年 8 月 21 日发生日全食之际由弗伦德里奇本人率领的在克里米亚半岛的观测活动。但弗伦德里奇并不走运，就在他抵达克里米亚半岛时，第一次世界大战在欧洲全面爆发。8 月 1 日，德国向俄国宣战，当俄国人在他们的领土上拦住弗伦德里奇——一位装备着各式天文望远镜的敌国科学家时，他们根本不相信他是来测量恒星光线偏差的。于是他被逮捕，设备也被没收了。大约一个月后，通过交换囚犯，弗伦德里奇获释，但他也错失了测量时机。

随后，爱丁顿接手了测量工作，他提议利用 1919 年 5 月 29 日的日全食。考虑到当时的情况，这个提议非同寻常。当时英国与德国激战正酣，而一个英国人却想进行一次旨在证明一位德国科学家所提理论有效性的观测活动。但爱丁顿做到了，正如他后来写道："作为验证'敌人'理论的主角，我们的英国国家天文台传承了最崇高的科学传统。这对当今世界可能仍然是必要的一课。"

为了观测日全食，爱丁顿将团队一分为二。他与部分同事去了非洲西岸的普林西比岛，其他同事去了巴西的索布拉尔。那天，普林西比岛的天空乌云密布，恶劣的天气可能会使大家几个月的准备工作付诸东流。但与弗伦德里奇不同的是，爱丁顿是个幸运的人，就在日全食开始的前几小时，云层打开了。这使测量毕星团中一些恒星发射的光线成为可能，而其测量结果则证实了广义相对论。

1919 年 11 月 6 日，观测结果被呈报给英国皇家天文学会（Royal Astronomical Society）。这个之前仅限于物理学家知晓的实验从世界的一端飞到另一端，爱因斯坦的名字传遍全球。《泰晤士报》称之为科学革命，因为它推翻了牛顿的观点。《纽约时报》的标题稍微耸人听闻一点："光线在空中偏移，爱因斯坦的理论获胜。"事实上，美国报纸这样写的部分原因是他们在伦敦没有相应的科学记者，于是他们把这份报道委托给了一位高尔夫球特派记者……

三或没有

爱丁顿当然不缺乏才能和运气，但谦虚就说不上了，至少人们相信有这样一件轶事：有一天，面对被称为世界上仅有的理解广义相对论的三个人之一的赞美，他沉默不语，于是他被善意地指出谦虚得有些虚伪。可他回答说，不，他并不是想谦虚，他只是正在琢磨那第三个人是谁。

关于能理解广义相对论的人数，全世界已经对此展开了一场半严肃的讨论，甚至著名的在线平台 Quora 也发布了关于该主题的问答交流。诺贝尔奖获得者理查德·费曼也为这场讨论做出了贡献，1965 年他在《物理定律的本性》（*The Character of Physical Laws*）一书中写道："一部分人以不是这种就是那种的方式理解相对论。但我可以有把握地说，还没有人理解量子力学。"

费曼将这两种彻底改变现代物理学的理论相提并论并非巧合。这两种理论差不多是在同一时期诞生的，并通过极轻或极重的物体得到了实验证实，而且这类物体的质量与我们日常生活中常见的质量量级大不相同。一方面，太阳的巨大质量使相对论得以被证明；另一方面，对微观世界和原子等基本粒子的实验研究为量子物理学铺平了道路。例如，一个氢原子的质量是十亿分之一的十亿分之一的十亿分之一千克。如果我们把太阳放在一个假想天平的托盘中，那在另一个托盘中，我们必须放上 1×10^{57} 个氢原子。千克的无穷分之一或巨大的倍数使人类对自然有了新的解释，客观地说，要想完全理解这些内容并不容易。虽然费曼的说法听起来有些夸张，但直至今天，我们越深入了解，则越觉得他是正确的。

首先，量子力学没有创始人，如果有的话，这个人至少应该可以完全理解量子力学。正如戴维·格里菲斯（David Griffiths）于 1995 年在那本优秀的教科书《量子力学导论》（*Introduction to Quantum Mechanics*）中所言："与牛顿力学、麦克斯韦电磁学或爱因斯坦相对论不同，量子力学并不是以一种确定的方式由一个人独创或系统化，今天它仍然保留着令人兴奋但充满创伤的青春痕迹。"如果微观粒子能够规律运动，那它规律运动的原因及其更深入的解释仍是研究的对象。格里菲斯继续说道："关于微观粒子运动的基本原则是什么，应该如何教授，或者它的实际'意义'是什么，科学界目前还没有达成普遍共识。任何有能力的物理学家都可以探究量子力学，但我们讲述的关于我们正在做的事情就像《天方夜谭》中的寓言故事一样千差万别，并且同样令人难以置信。"

换句话说，量子力学解释了很多可以描述物理系统的东西，但我们仍然不知道这意味着什么，以至于今天许多关于量子力学的理论是

相互对立的，有时甚至进入了哲学范畴。这些特点吸引着众多学者研究量子力学，但有时也使量子力学离开了坚实的科学领域，冒险进入了更为复杂的领域，并给大众留下一个该理论并不可靠的印象。但该理论在预测某些可再现的结果和对物理系统的描述方面极其有力，它的起源要归功于普朗克。

黑体之光

对于量子力学这样一个描述明显远离日常经验的复杂系统的理论来说，以下这一点似乎是荒谬的：量子革命始于分析所有人都可看到的现象——热辐射。我们可以回想一下是否见过被加热的金属发出的光，这种光通常是从红色到白色，或者想想火中的拨火棒、浴室加热器的电阻、老白炽灯泡的灯丝。这种光由电磁波组成，被称为热辐射，它是由物体因自身温度而发出的。我们的体温大约在37℃，同样，我们也会发出红外线热辐射，这可以通过适当的仪器看到。使用热扫描仪测量体温正是基于这一原理，我们对这一原理已经非常熟悉了。

热辐射随着温度的升高而迅速增长，斯特藩-玻尔兹曼定律就描述了这种现象。根据该定律, 物体单位面积辐射的功率与温度的 4 次方成正比。换句话说, 当物体的温度增加 1 倍时, 热辐射的功率会增加 16 倍。

热辐射的特性取决于发射热辐射的物体的成分。然而, 也存在一些特殊的物体, 比如黑体。**黑体实际上是一个可以吸收所有外来辐射的物体, 所以我们看到它是黑色的。**有色物体之所以是我们看到的颜色, 是因为它们反射了光的一部分, 尤其是反射了我们能观察到颜色的那部分。

19 世纪末, 随着电磁学的出现, 人类对黑体的辐射特性进行了早期的精确测量, 并形成了初步理论。1900—1905 年, 约翰·瑞利 (John Rayleigh) 和詹姆斯·金斯 (James Jeans) 试图运用经典物理学的观点来分析黑体辐射实验的观测结果。他们极其谨慎地进行分析, 却无法描述实验数据。事后看来, 原因很简单, 他们没做错任何事, 只是经典物理学在这些情况下已不再适用。

天才的普朗克在 1900 年抓住了重点, 并播下了量子力学的第一颗种子。普朗克沿用了瑞利和金斯的理论, 但他提出了一个革命性的假设: 电磁波的能量不是连续变化的。他只取了一系列值, 即基本量的倍数:

$$E = hf$$

其中，E 是能量，f 是电磁波的频率，h 是一个普适常数。后来为了纪念普朗克，人们将 h 称为普朗克常量。正如我们将看到的，它是千克最新定义的基础。光在经典物理学中是一种电磁波，其振幅可以连续变化，因此可以是任何值，但实际上光却以类似粒子一样的离散形式被吸收和发射。这就像在超市买牛奶：我们可以买一瓶、两瓶、三瓶……反正都是整数。很难想象会有人拿着 27.089 5 升牛奶出现在收银台。

借助这个假设，普朗克首次引入了能量量子化的概念，这对于描述物理现象至关重要。**科学界开始注意到，在微观层面上，自然是不连续的。对于以自然界无跳跃为主导的科学思想来说，这是一个巨大的转变。**

量子力学的时代已经到来。

诺贝尔奖得主也会犯错

坐落在斯德哥尔摩的瑞典皇家科学院对诺贝尔奖获得者的要求极其严格，如果没有找到他们认为符合标准的人选，他们宁愿推迟仪式。

这正是 1921 年发生的事情，当时诺贝尔物理学奖
评选委员会认为没有一个候选人足以获得该奖项。
顺便说一句，这份著名的"不及格"名单现在是
公开的。所有的诺贝尔奖申请，即使是那些没有
成功的申请，50 年后也会为世人所知。如果某人
非常敏感，那最好别申请成为诺贝尔奖候选人。

如果该奖项在某一年未颁发，按规定委员会可以将其保留到下一
年，届时将颁发两个奖项。事实上，1922 年，瑞典皇家科学院并未遇
到提名问题，但还是一并颁发了两个奖项：将 1921 年的诺贝尔物理
学奖授予爱因斯坦，将 1922 年的诺贝尔物理学奖授予现代原子理论
之父和量子力学奠基人之一尼尔斯·玻尔。

在 1922 年 12 月 10 日的颁奖典礼上，1903 年诺贝尔化学奖
得主、时任遴选委员会物理部主席的斯凡特·阿伦尼乌斯（Svante
Arrhenius）将两位获奖者介绍给了瑞典国王。阿伦尼乌斯的身影在不
经意间提醒我们，有时即使是诺贝尔奖获得者也会犯错。

19 世纪末，他是最早研究二氧化碳（CO_2）对全球气候影响的人
之一，在 1896 年的一篇论文中，他提出了大气中 CO_2 浓度与地球温
度之间有直接关系。他在论文中展示了详细的计算过程，并假设如果
CO_2 浓度减半，欧洲平均气温可能会下降 5℃，欧洲将重新进入冰河

时期，但他认为这个问题并不需要担心。不过随着工业革命的到来，煤炭作为燃料的使用量迅速增加，大气中 CO_2 浓度也随之增长。

阿伦尼乌斯在他 1908 年出版的《正在形成的世界》（*Worlds in the Making*）一书中仍然强调了燃烧珍贵自然资源的积极方面："我们经常听到有人抱怨储存在地球上的煤炭被当代人浪费了，人类没有考虑未来……我们可以从这样一种考虑中找到某种安慰：这与其他情况一样，善与恶交织在一起。由于大气中 CO_2 百分比增加的影响，我们可以享受拥有更好、更公平的气候，特别是在地球上较寒冷的地区，地球将产出比现在更多、更丰富的农作物，这将有利于人类的快速繁衍。"

我们只能说，遗憾的是，阿伦尼乌斯没有预见到其他负面后果……

让我们回到 1922 年 12 月 10 日，阿伦尼乌斯开始了有关爱因斯坦的致辞，他提到，"可能没有任何一位在世的物理学家的名字能像爱因斯坦那样广为人知"，同时他立即补充道，"关于爱因斯坦的大部分讨论都聚焦于他的相对论"。但随后他转换了话题，谈了些别的。

事实上，尽管看起来有些奇怪，但爱因斯坦并非因为相对论获得了 1921 年的诺贝尔奖，而是因为另一项鲜为人知的发现：光电效应理论。这是量子力学历史上的另一个里程碑。

　　与热辐射一样, 光电效应理论也同样可以在日常经验中得到理解上的帮助。有时我们会在最意想不到的地方遇见量子力学, 比如在电梯里。光电效应在光电管中很常见, 比如, 当有东西挡住电梯门时, 它会阻止电梯门关闭。其原理是当金属表面受到紫外线照射时, 会有电子从材料中分离出来, 而电子可产生阻止电梯门关闭的电信号。为了能有电子分离, 光线必须是紫外光。可见光或红外光都不会使金属产生光电效应。这是经典光波理论无法解释的。

　　为了打破这个僵局, 爱因斯坦在 1905 年放弃了经典物理学的连续性, 并假设电磁场的能量是量子化的。此外, 他还引入了 "光子" 的概念: "光束的能量由有限数量的能量量子组成, 这些能量量子位于精确的空间点上, 它们在移动时不会碎裂, 只能被全部吸收或发射。" 这里的能量量子就是光子, 它解决了实验与经典理论之间的矛盾。

　　爱因斯坦将能量与光子相关联, 这与普朗克对黑体热辐射的猜想相同。凭借这种直觉, 爱因斯坦提出了可充分解释光电效应的理论。现在画面终于完整了: 正如普朗克理解的那样, 电磁辐射不仅以波的形式产生, 而且还可以像粒子一样传播, 即光子。

　　"多亏了爱因斯坦的这些研究," 阿伦尼乌斯在演讲结束时说, "量子理论已经在一个更高水平得以完善, 在这个领域已经涌现的大量论文证明了这一理论的非凡价值。"

新世纪物理学

在物理学史上，从来没有像 19 世纪和 20 世纪之交的那几十年那样有如此众多的发现，足以颠覆人类数百年认知的实验和彻底改变宇宙描述的新理论。科学界群情激昂的状态无疑影响了年轻的路易·德布罗意（Louis de Broglie）。他是法国贵族的后裔，在获得历史学学位后，他突然决定投身于科学，尤其是物理学。第一次世界大战期间，他致力于开发能与潜艇进行通信的无线电系统。但不是这件事让他放弃了早先的那些历史书，而是他于 1924 年在巴黎大学提交的博士论文。

德布罗意对爱因斯坦和阿瑟·霍利·康普顿（Arthur Holly Compton）证明了光的微粒性质，即光是电磁波也是粒子的最新进展非常着迷，于是他假设波粒二象性同样适用于一切物质。将光的特性与固体物质联系起来的假设在当时简直就是一个纯粹的科学幻想。因此，他的论文虽然受到人们的关注，却被认为没有什么实际意义。不过，仅仅不到两年的时间，即在 1926 年之前，就有一系列实验证实了德布罗意的理论，他也因此获得了 1929 年的诺贝尔奖。

在量子力学的引领下，德布罗意提出了伟大的自然界对称性理论：宇宙由物质和辐射组成，两者皆可表现为波和粒子。

至此，物理学已经为量子力学体系化做好了准备。事实上，在

1925 年，物理学家薛定谔就提出了以他的名字命名的描述量子世界演化的方程。**在微观世界中，物体的实在性被概率的不确定性取代。**

苹果和火星

200 多年前，林肯郡花园里的一颗苹果从树上掉了下来。我们不知道它是否击中了据说正在苹果树下冥思苦想的英国著名科学家艾萨克·牛顿，但可以肯定的是，在伽利略先前研究的基础之上，牛顿奠定了经典力学的基础。**经典力学是一门研究物体平衡和运动的物理学分支，它在描述自然和世界的各个方面（从天文学到工业革命的机器）都取得了巨大的成功，它的解释力度一直持续到 19 世纪末。**

牛顿力学使我们能够确定一个物体在已知力的作用下的运动状态。这是通过下面的基本定律来实现的:

$$F = ma$$

这个公式告诉我们，如果一个物体与其所处环境的相互作用力 F

是已知的，那我们就可以推导出加速度 a，这基本上就意味着该运动是已知的。撇开细节不谈，这条定律的美妙与强大之处在于它肯定了物体的运动完全由它与世界的关系决定。

换言之，相同的力会导致不同的运动，这取决于力所施加的物体的质量。在我们的经验中，比如我们用相同的力量投掷大小相同的皮球或石头得到的效果是不同的，这点尽人皆知。因此，质量描述了物体相对于作用力的惯性：质量越大，给定力对物体的影响就越小。

牛顿第二定律和所有经典力学一样，都是确定性的，我们可以给定某一时刻运动的力和特性，从而绝对精确地预测物体的轨迹。牛顿第二定律甚至可用于描述行星运动或太空旅行。

1969 年 7 月，美国国家航空航天局的物理学家完成了 38.4 万千米的月球之旅，成功将人类带到了月球上的一个特定点。2021 年 2 月，那些科学家的继任者驾驶"毅力号"（Perseverance）火星车，在花费 7 个月、大约历经 4.8 亿千米的旅程后在火星表面成功登陆。所有这一切都要归功于经典力学，科学家利用经典力学极其精确地计算出了航天器的轨迹。

经典力学是有效的，它使我们能够预测未来。

但事实是这样，也不是这样。

水晶球和经典力学

"你会去, 会回来, 不会死于战争", 还是 "你会去, 不会回来, 会死于战争"? 一字之差就会带来很大不同!

早在科学诞生之前, 人类就一直渴望预测未来。先知、圣人和女巫总是有他们的听众, 他们希望通过足够的智慧和适当的手段, 无论是动物的内脏、田野中的烟火, 还是一个水晶球来预测尚未发生的事情, 这种希望一直根植于人们心中。因此, 不难想象这种希望在 1687 年出版的牛顿的《原理》中得到了多少滋养。

随着牛顿的出现, 人类对未来的预测变成了科学, 而不再是打赌或诠释。他的运动方程使我们能够准确地预测物体的位置。如果再加上 19 世纪电磁学的发展 (它也是完全确定的), 以及所有系统都是由基本构件组成的事实, 我们就会看到, 在 20 世纪初, 一旦有足够的计算能力, 预测未来的梦想似乎触手可及。

但是他们没有考虑故事的主角, 也就是说, 没有考虑物理学。经典力学唤起了准确预测未来的梦想, 而这个梦想却在 20 世纪的前几十年不断被打破。

不仅仅是猫

尽管埃尔温·薛定谔在世界上一半的猫中声名狼藉，但以他的名字命名的方程式为量子力学的发展做出了根本性的贡献：

$$i\,h\Big/2\pi\,\frac{\partial\psi}{\partial t}=-\frac{(h^2/2\pi^2)}{2m}\frac{\partial^2\psi}{\partial x^2}+V\Psi$$

你们千万不要被这个方程式复杂的外表吓倒。彻底理解它当然是专业人士的工作，而实际上，这个方程在某种程度上类似于我们前面刚刚谈到的牛顿第二定律。在这里，我们也是从粒子与外部世界的相互作用开始，计算求解，以预测未来。只是在这里，预测的对象不是粒子的精确位置，而是在给定位置发现它的概率。我们通过求解薛定谔方程得到的函数 ψ 描述了一种与德布罗意假设完全一致的波。然而，函数 ψ 并不能告诉我们粒子的确切位置，只能告诉我们在哪里可能找到它。**经典力学和牛顿定律的确定性被量子力学的不确定性动摇。**

但这并不意味着经典力学是错误的，而是说它只适用于某些领域；其实量子效应也只在微观世界中可见。正如我们所看到的，在宏观尺度上经典力学非常有效。这里的宏观意味着从一粒沙

子到一颗行星。就像相对论在接近光速的高速条件下扩展了物理定律
的有效范围一样，量子力学在非常小的尺度条件下（即原子和亚原子
尺度下）扩展了它们的有效性。犹如我们用一个普适物理常数表征相
对论一样，另一个物理常数——普朗克常量也是量子效应的标志特
征。我们会发现它也出现在了薛定谔方程中。

质量作为物质的基本属性

牛顿第二定律和薛定谔方程是物理学描述世界的基本工具，无论
是经典版本还是量子版本。虽然它们相差几个世纪，所用的符号分别
属于两个互补的世界（粒子与波），但这两个方程却被一个看似简单
的字母 m（质量）连接起来。质量实际上是被研究对象的基本属性，
无论是一个中子，还是阿波罗 11 号太空舱。

在经典物理学和量子物理学中，质量在调节物体与力（即世界）
的相互作用方面起着至关重要的作用。在特定情况下，物体的其他属
性也能起到这种作用。例如，电荷和其速度表征了电荷与电磁场的相
互作用。但无论力是如何的，质量都是存在的。

物体的质量也是物理学另一个基本作用——万有引力的核心。牛
顿发现了两个物体如何因它们的质量通过万有引力相互吸引。万有引

力与物体的质量成正比，并随着两个物体的远离而逐渐减小。从技术上讲，相距 r 的两个质量为 m_1 和 m_2 的物体之间的引力可表示为：

$$F_g = \gamma \, \frac{m_1 m_2}{r^2}$$

其中，γ 是万有引力常数。

万有引力是 4 种基本力之一，它负责行星的运动，并使地球产生重力。事实上，决定物体具有重量的正是地球对其周围物体的吸引力。因此，重量只不过是一种力。靠近地球表面的任何质量为 m 的物体都受到地球引力 P 的影响，该引力 P 为：

$$P = mg$$

其中，g 是重力加速度，它取决于地球的质量和半径，以及万有引力常数 γ。这也是牛顿第二定律的另一种表达：物体的质量再次调节了它与世界的相互作用，在这种情况下也就是物体与地球之间的相互作用。由于地球附近的重力加速度几乎是恒定的，因此在我们的日常经验中，重量就成了质量的同义词。

那个简单的"质量"会出现在购物清单上，比如记得买 3 千克苹果和 200 克奶酪，会出现在一顿丰盛午餐后偷偷看一眼的体重秤上，也会出现在路标上。实际上，质量是物理学中一个重要的组成部分。当你们下次旅行时，如果发现自己拖着一个极重的行李箱，而里面却塞满了没用的东西，请记住：你们正在验证一个基本的物理定律。也许这会是一种安慰。

10 月 21 日

1944 年 10 月 21 日，普朗克急切地，也可能是听天由命地，等待着他儿子欧文的审判结果；仅仅两天后，欧文就被判处了死刑。1520年 10 月 21 日，费迪南·麦哲伦发现了以他的名字命名的海峡。1879 年 10 月 21 日，爱迪生点燃了第一盏电灯。1833 年 10 月 21 日，阿尔弗雷德·诺贝尔出生。1917 年 10 月 21 日，迪兹·吉莱斯皮（Dizzy Gillespie）出生。1995 年 10 月 21 日，豆荚猫（Doja Cat）出生。

只要在互联网上花几分钟时间，就能发现 10 月 21 日那天发生的数十件各类事件或名人生日。考虑到一年一般有 365 天，那创造历史的事件就更多了。统计数据告诉我们，10 月 21 日并没有什么特别之处，但对公制单位除外。公制单位没有上百万个，只有 7 个，而其中两个的定义在 10 月 21 日发生了革命性的变化。现在你们相信 10 月 21 日这个日子非比寻常了吧！

正如我们在第 2 章中看到的，1983 年 10 月 21 日，第十七届国际计量大会用光速定义了米。28 年后，也就是 2011 年 10 月 21 日，第二十四届国际计量大会则明确宣告了一个时代的结束：用于定义基本计量单位的寿命最长的人工制品——千克标准物终于退休了。

与其他所有人类作品一样，一块贵金属物品的耐久性是短暂的，终将被普遍存在的、所有人都可获得的自然元素取代。从表面上看，对千克的重新定义同样是对经典力学的确定性提出质疑，但最重要的是它引出了不确定性的普适常数：普朗克常量。

能量与基布尔天平

千克的革命性新定义基于现代物理学的两个基本理论：相对论和量子力学。这两者与所有物理学的一般情况一样，核心的概念是能量。相对论中的能量用科学中最流行的公式来表达是：

$$E = mc^2$$

这个公式将能量 E、质量 m 和光速 c 联系在一起。

在量子力学中，能量可以通过普朗克常量进行表达，我们在本章中已讨论过这个公式：

$$E = hf$$

注意！这是同一个物理量——能量！由此可知，能量可以表示为与光速 c、普朗克常量 h 有关的函数。能量因此成为相对论和量子力学之间的桥梁，最重要的是，它可以将质量写成两个基本物理常数的函数。因此，质量有了不变的形式，就像 c 和 h。质量与两个普适常数之间的关系并非只是专业人士的理论技巧，它对于千克的新定义极为重要。自从有必要用更耐久的东西来代替易腐金属制成的千克标准物后，物理学家就已开始着手进行研究，并找到了各种实验方法来建立质量与 c 和 h 之间的联系。创建一个计量单位意味着需要将其应用于实践。在这种情况下，如果 c 和 h 精确已知，则可以设想一个以相同精度测量质量并由此定义千克标准物的实验。

在定义千克标准物的过程中，最重要的质量测量仪器是基布尔天平。这是一种有两个托盘的天平，其原理与公元前 2000 年的天平没有什么不同，只是技术性稍高一些。我们在一个托盘里放上要称重的物体，但在另一个托盘里，并不是像普通天平一样放上与之平衡的另一个物体，而是电磁力。这种电磁力的值可以通过约瑟夫森效应和量子霍尔效应进行精确测量，然后将其表示为在量子公式中无处不在的普朗克常量的函数。如果已知常数的精度很高，并且其值是固定的（近几十年来，由于实验非常精细，这一点已经成为可能），那么基布尔天平就可以进行质量测量，并由此定义千克标准物——其值精确且不受实物的影响。h 的数值真的很小，更准确地说，它的值是 $6.626\,070\,150 \times 10^{-34}$，即 $0.000\,000\,000\,000\,000\,000\,000\,000\,000\,000\,000\,000\,662\,607\,015\,0$。相比之下，银行账号真是小菜一碟。

这种新的计量方法被采用为基于普朗克常量的千克标准物的新定义。

纸片飞扬

1945 年 5 月 2 日，反法西斯联盟在柏林的德国国会大厦上升起了红旗，而希特勒几日前已在他的地堡中自杀。5 月 8 日，纳粹德国投降。然而，曼哈顿计划仍在继续。1945 年 7 月 16 日凌晨 5 点 29 分，在新墨西哥州索科罗市附近的沙漠中，一场人造的"曙光"照亮了天空。这是三位一体核试验场中原子弹第一次爆炸，这也是几天后将广岛夷为平地的爆炸装置。恩里科·费米那时也在三位一体核试验场。

7 月 16 日上午，我驻扎在距离爆炸现场约 16 千米的三位一体核试验场大本营。爆炸发生在早上 5:30 左右。我的脸被一块嵌入了深色焊接玻璃的面罩保护着。我对爆炸的第一印象是强烈的闪光和身体暴露部位的温暖。虽然我没有直视物体，但我感觉，突然之间，天地之间变得比白昼更加明亮。我透过面罩上的深色玻璃朝爆炸方向望去，可以看到一些看起来像是一团火焰的东西迅速升腾而起。

几秒钟后，升腾的火焰失去了光辉，化为一根巨大的烟柱，顶部膨胀，就像一个巨大的蘑菇，疾速爬过云层，可能高达 9 千米。烟柱达到最大高度后，在风将其驱散之前，它就停在那儿静止了一会儿。

爆炸后大约 40 秒，气流向我袭来。我试图通过从大约 1.8 米高的地方落下的小纸片来估计冲击波到来之前、期间和之后的气流强度。当时没有风，我可以非常清楚地观察并有效地测量爆炸发生时正在下落的小纸片的移动情况。根据大约为 2.5 米的位移，我当时估计这次爆炸相当于 1 万吨 TNT 炸药爆炸产生的能量。

1 万吨，即 1 000 万千克 TNT 炸药，费米通过掉落的纸片得出的估算结果与现实相差不远。原子弹释放出的能量是其 2 倍，相当于 2.2 万吨 TNT 炸药爆炸。这个数量是巨大的，第二次世界大战期间投下的最强大的传统炸弹之一——大满贯炸弹，其威力不足 10 吨 TNT 炸药。多亏了爱因斯坦，大自然向人类展示了质量可以转化为能量。7 月 16 日，人类学会了如何以一种破坏性的方式来做这件事，而物理学失去了它的纯真。曼哈顿计划负责人、物理学家奥本海默评论道："我成了死神，世界的毁灭者。"

幸运的是，从那时起理性占了上风，我们将表示质量与能量转换的方程式 $E = mc^2$ 仅用于核裂变发电这个和平目的。那么，作为一种积极的回应，它可能会带给我们一种把质量转化为能量的新形式，这将有助于解决我们今天正在经历的形势极其严峻的环境危机。早在 1920 年，亚瑟·爱丁顿就梦想着研究恒星："恒星以我们未知的方式从巨大的能量库中汲取能量。这个能量储存库里只能是亚原子能量，正如我们所知，它在所有物质中都大量存在。我们梦想有一天人类能学会如何释放它，并将其为人类所用。"

今天，我们已经知道这一过程就是核聚变，正如爱丁顿推测的那样，核聚变为太阳等恒星提供能量。在聚变过程中，两个轻原子核或其同位素聚变，将反应物的一部分质量转化为能量。世界各地的科学家正试图从太阳那里窃取这个秘密，并在实验室中重现这个过程。这条道路艰难且漫长，但人类已经做了很多工作，希望在几十年内，我们能拥有一个清洁、无限制、无炉渣和无二氧化碳的电力来源，这是确保我们这颗星球在未来可持续发展的理想选择。[1]

---

[1]　电气化可以彻底改变清洁能源的未来，实现未来的可持续发展，关于这一点请参见索尔·格里菲斯（Saul Griffith）的《零碳未来》。该书中文简体字版已由湛庐引进，浙江科学技术出版社出版。——编者注

**丈量
世界的
历史**

Le 7 misure
del mondo

▶ **质量之器**

1. 与长度和时间一样,人类自文明诞生之初就开始测量物体的质量,一般是将被测量物体的质量与样品质量相对照。日常生活的需求,特别是商业的需求推动了质量计量标准的制定。

2. 许多古代质量单位源于谷物,而质量与贸易之间的密切关系也产生了许多货币的名称。

3. 印度河流域出土的秤及相关文物可以追溯到公元前 2400 年至公元前 1700 年,埃及考古发现的秤及相关文物在公元前 1878 年至公元前 1842 年。

4. 从大革命期间的法国用 4℃时 1 立方分米的纯水的质量来定义千克,到 2011 年用普朗克常量重新定义千克,千克的定义也经历了由易腐的标准物向不朽的自然定律的转变。

5. 在经典物理学和量子物理学中,质量在调节物体与力的相互作用方面起着至关重要的作用。物体的质量也是物理学另一个基本作用力——万有引力的核心。

冷暖之度：
从费曼的葡萄酒到汤普森的
绝对零度

Il kelvin

Le 7 misure del mondo

葡萄酒的"泪滴"

"如果近距离仔细观察一杯葡萄酒，我们
就能看到整个宇宙。"

可能有人会认为，这样一句话一定是作者在
非常仔细地近距离观察了大量斟满葡萄酒的酒杯
之后发出的感慨。再说了，自古以来，人们就知
道葡萄酒是如何令人陶醉并激发人类幻想的。格
鲁吉亚在考古中发现了早期大规模生产葡萄酒的
证据，这些证据可追溯到公元前 6000 年。因此，你们可能会惊异于诺
贝尔奖获得者理查德·费曼在一场名为"物理学与其他科学的关系"
的著名演讲中以对一杯葡萄酒的颂扬作为结束语，但事实上，葡萄酒与物理学之间的联系比我们想象的要多得多。费曼继续说道："在酒杯中有受风和天气影响的液体蒸发，有玻璃上的反射，有我们在想象中添加的原子。玻璃是地球岩石的蒸馏物，从其成分中我们可以看到宇宙年龄和恒星演化的奥秘。葡萄酒中又有哪些奇怪的化学成分？它们是如何产生的？有酵素、酶、基质……所以，一杯葡萄酒的伟大之处在于其涵盖所有、无所不包：生命就是发酵。没有人能像路易·巴斯德那样在未发现病因之前，就能发现葡萄酒的化学成分。"

总之，一杯葡萄酒除了能给人享受，也是一个尚待探索的科学实验室。在经历了数十亿次品尝和 8 000 年的葡萄大丰收后，人类终于开启了对葡萄酒的探索。2020 年，著名杂志《流体物理学评论》（*Physical Review Fluids*）上发表了一篇描述在喝葡萄酒之前摇晃酒杯的详细物理过程的文章，该文章甚至被《自然》杂志收录。加州大学洛杉矶分校的科学家安德里亚·贝尔托齐（Andrea Bertozzi）和她的合作者研究了葡萄酒酒杯内壁上出现的所谓"泪滴"。

随着玻璃杯的旋转，杯壁上形成了一层薄薄的液体，液滴下降并沿着玻璃杯流动，然后又落回酒中。酒的爱好者对这种现象并不陌生，这是两种液体在重力的作用下结合出现的界面特性。当玻璃杯旋转时，酒液会挂在酒杯内壁上，杯壁上的酒比留在玻璃杯中的酒蒸发得更快，因此酒杯中产生了两种具有不同化学性质的液体：杯中的酒和杯壁上的酒，后者的酒精度数较低，因为部分酒精已蒸发。在这两种液体之间会发生一种物理效应，即杯中的液体会上升到酒杯内壁，并在内壁上积聚，直到以类似泪滴的形状回落。1865 年，意大利帕维亚大学的物理学家卡罗·马兰戈尼（Carlo Marangoni）深化并完成了詹姆斯·汤姆森（James Thomson）先前的一项研究，详细地描述了这一过程。然而，葡萄酒为何不是均匀地落下，而是形成"泪滴"的问题仍然悬而未决。155 年后，贝尔托齐和她的团队通过一个复杂的理论模型给出了解释，通过该模型，人们了解了酒杯中葡萄酒的微小波动形成了不同厚度的酒层。正是这些厚度上的差异，加上重力的作用，形成了"泪滴"。

葡萄酒的酒精含量越高，这种效果就越明显。人们可能会认为，在一瓶阿马罗内或巴罗洛红酒中，物理学家只看到了发表一篇进一步完善"泪滴"解释的新科学论文的机会。确实，"要么发表，要么灭亡"这句格言很好地概括了最近的研究趋势，并极为不幸地促使我们仅仅根据论文的数量而不是内容来衡量其价值。但幸运的是，情况并非完全如此，像费曼这样的大师再次让我们脚踏实地，或者说在这种情况下，他再次让我们的嘴唇碰上酒杯。事实上，费曼的课总是以这样的话来结束的："如果我们为了方便，以微不足道的有限智力，将这杯葡萄酒，也就是这个宇宙，分成物理学、生物学、地质学、天文学、心理学等几个部分，那么要记住，大自然可并不这样划分一切！所以让我们仍旧把这些东西归并在一起，并且不要忘记这杯酒最终的用途。让它再给我们一次快乐吧！喝掉它，然后忘记一切！"

从感知到测量

16 世纪与 17 世纪之交的科学革命使人类在描述自然现象方面有了两个重大进展。第一个重大进展是抽象化趋势，人们对问题的描述从定性描述转向数学描述。伽利略在《试金者》中写道："自然哲学被写进这本不断展现在我们眼前的伟大著作中，我说的是宇宙，除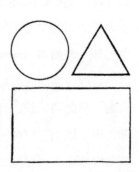非我们首先掌握它的语言和文字，否则是无法理解它的。宇宙是用数学语言写成的，其字符是三角形、圆形和其他几何图形。没有这些，人类连它的一个词都无法理解，没有这些，我们只能徒劳地在黑暗的迷宫中徘徊。"伽利略在他对运动的描述和惯性原则的阐述中给出了一个很好的例子，在惯性原则中，他将偶然性影响从复杂的过程中剥离出来，使实验模型理想化。

第二个重大进展在于将计量用作描述自然的基本要素，这促进了新科学仪器的开发，包括用于测量温度的仪器。今天开尔文无疑也是广为人知和广泛使用的 7 个国际计量单位之一。温暖和寒冷的感觉及程度是人类固有的经验，远古时期人们就意识到温度对生命、自然和所有进程的重大影响，哪怕只是季节的更替。因此，随着文艺复兴的到来，测温法引起科学家的兴趣也就不足为奇了，即便那时葡萄酒仍是焦点。

1592 年前后，伽利略发明了第一个温度计，更恰当地说是一个测温仪，即一种用于比较两个物体的温度或测量温度变化的仪器，但并无绝对值。伽利略的测温仪其实就是一根玻璃管，其一端为玻璃泡，另一端敞开。玻璃管中盛有一些水或葡萄酒，将开口端垂直浸入装满相同液体的容器中，此时玻璃泡中仍留有空气。通过将玻璃泡与待测物体接触，可以观察到玻璃泡中所含空气收缩或膨胀，而这取决于被测物体本身的温度是低于还是高于环境温度。如果空气收缩，玻璃管内的液位就会上升；如果空气膨胀，玻璃管内的液位就会下降。这种测量原理早在古希腊时期就已为人所知，当时拜占庭的菲络纳（Filone）和亚历山大的海伦（Erone）就以此原理开发了空气温度计。但与许多其他领域一样，亚里士多德哲学体系的盛行使科学发展的进程中断了 1 000 多年。

但是在伽利略时代，不同仪器在同样的使用情况下需要给出同样的解释。例如测温，一种方法是使用完全相同的仪器测量不同的样本，另一种更简单的方法是根据参考状态，使不同仪器的读数具有可比性。依据因果关系原则，相似的结果应有相似的原因。在温度测量方面，每次测量不同的融化的冰水样本时，温度计都会给出相同的读数，这就是参考状态。从其效果的恒定性（即读数的不变性）推断出原因的恒定性，从而得出结论，再以所分析的各种融化的冰水推断出温度的恒定特征（即恒温）。因此，如果将另一个温度计浸入类似情况下的融化的冰水中，则也会得出与第一个温度计记录的相同温度读数，因为相同的原因一定产生相同的效果。

伽利略的朋友——威尼斯的弗朗西斯科·萨格雷多（Francesco Sagredo）是最早使用基于参考状态的测量仪表的人之一。萨格雷多制造了一系列空气温度计，这些温度计可以相互匹配。他还提供了定量测量数据，报告称他的温度计在夏季最高温时读数为 360，在雪中读数为 100，在雪和盐的混合物中读数为 0。众所周知，盐水在 0℃以下结冰。因此，萨格雷多将雪及雪和盐的混合物设定为温度值的参考状态。1613 年，萨格雷多在写给伽利略的一封信中总结了他对温度测量这一新领域的热爱与激情："由圣托里奥（Santorio）等人发明的测量热量的仪器，被我简化成了非常简单和精细的不同形式的物品，测量结果显示从一个房间到另一个房间的温差数值可达 100。我用这些东西进行了很多妙不可言的观察与推测，比如，冬天的空气比冰雪还要寒冷。"

圣托里奥于 1561 年出生于科佩尔，那里当时在威尼斯共和国的统治下，他负责设计用于测量体温的温度计。作为伽利略的熟人，他于 1611 年被邀请到帕多瓦大学教授医学，伽利略在 1610 年之前也在该大学任教。圣托里奥是在医学中使用定量物理测量的先驱之一，他将伽利略在同一时期革命性的科学实验方法扩展到了医学领域。受伽利略钟摆运动结果的启发，他发明了脉搏时钟，这是一种测量心跳的装置。他也是第一位观察人体温度变化并将其解释为衡量健康状况和疾病发作预兆的西医。圣托里奥把他改进的空气温度计的玻璃泡放入患者的口腔以测量体温。而这个温度计的刻度，他使用了两种参考状态，分别是雪的温度和蜡烛火焰的温度。

这是一个平衡问题

用于测量人体温度的普通温度计是温度测量所依据的物理原理的一个绝妙例证，这个原理为热平衡。

平衡的概念对物理学至关重要。一般来说，当描述系统的量不随时间变化时，系统即处于平衡状态。我们最熟悉的平衡形式是静态机械平衡。比如，我们把手机放在桌子上，手机会保持静止，也就是说，它的位置不会随时间而改变，因为没有任何使其移动或旋转的因素。不过，机械平衡并不是唯一的平衡状态。虽然手机静止放在桌上，手机中的电池却在工作，即手机处于机械平衡状态，但不处于化学平衡状态，因为电池内部有产生电能并改变其化学状态的反应。除了机械平衡与化学平衡，还有第三种平衡，即热平衡，也就是物体的温度保持恒定不变。因此，**温度是表征热平衡的物理量。如果两个不同温度的系统接触，较热的物体会将热量传递给较冷的物体，使它们的温度变得相同，并达到热平衡状态。**

温度计是一种测量仪器，它与另一个系统进行热接触，并与之达到热平衡状态。虽然温度计的温度在热平衡状态下与被测系统相同，但它不能对被测系统的温度产生影响。要做到这一点，温度计必须非常细小，以免干扰被测系统。体温计就是这样，它在不改变体温的情况下能迅速与人体达到热平衡。另外，温度计还必须使温度变化肉眼可见，这要归功于专业术语中的热特性（caratteristica termometrica）。这是一个随温度变化的物理过程，使温度变化很容易被观察到。在传统体温计中，温度变化表现为内部液体（以前是水银，现在是酒精或镓铟锡合金）的热膨胀，即热特性为体温计内部液体的体积变化。这是因为某些特殊物体的体积可以随着温度的升高而增大，所以其尺寸也会发生变化。桥梁、高楼或铁路设计人员非常熟悉这种现象，并通过特殊的伸缩缝为建筑物的体积变化留出余地。温度计中的液柱长度根据其接触物体的温度而变化，由此，温度测量转换为长度测量，其变化更简易可见。在电子体温计中，随温度变化的是电阻，电阻值呈现在温度计的显示屏上。

沸腾的水与融化的冰

在圣托里奥教人们如何测量人体温度的那些年，瑞典工程师正在建造被认为是当时最强大的战舰之一的瓦萨号（Vasa）。1628 年 8 月 10 日，一大群仰慕者挤满了斯德哥尔摩港口码头，在国王的见证下，这艘战舰出海了。但这种热情很快就变成了沮丧。瓦萨号驶出 1 000 多米后突然下沉，一股本应是无害的阵风，将 30 名船员拖入深渊。这艘战舰装备了 64 门青铜炮，它们分布在两层甲板上。正是由于当时的国王不听技术人员的意见，将原计划的单层炮舰改建成双层炮舰，从而导致这艘战舰的结构变得极不稳定。此外，还有人说这艘战舰的左侧木结构比右侧木结构厚，原因之一似乎是木匠使用了不同的测量单位。考古学家确实发现了建造这艘船的

工人使用的尺子：其中两把是以瑞典英尺（30 厘米）为单位的，而另外两把是以阿姆斯特丹英尺（28 厘米）为单位的。

瓦萨号的惨败是对同一项目使用不同测量刻度而导致的让人无法忘怀的若干失败案例之一。前面我们提到过火星探测器在火星大气层中解体，就是因为美国国家航空航天局使用的是公制单位，而制造商使用的是盎格鲁-撒克逊单位。类似的故事还有很多。例如，1983 年 7 月 23 日在蒙特利尔和埃德蒙顿之间飞行的加拿大航空公司 143 航班，本以升计的加油量被误解为以加仑计，结果导致飞机被迫紧急降落在摩托车赛道上。幸运的是，没有造成任何人身伤害。正如我们在前文中所说，就计量单位达成一致并非易事。温度也不例外，因此在当今社会的实际使用中，仍有华氏度和摄氏度之分。

距第一台测温仪出现不到一个世纪时，人们便已开始考虑创建一个测量温度的通用温标。18 世纪初，牛顿和奥勒·罗默（Ole Rømer）是最早构想使用通用标准的科学家，但直到 1724 年，丹尼尔·华伦海特（Daniel Fahrenheit）才提出了今天仍在盎格鲁-撒克逊世界使用并以他的名字命名的温标。

华伦海特还将水银用作测温液体。这是一种开创性的选择，水银的高膨胀系数使仪器的精度得到了明显提升。在同一温度变化下，水银柱比水柱或酒精柱膨胀得更厉害，因此可以更准确地显示温度。起初，华伦海特选择了水、冰和氯化铵溶液的温度为一个固定点，将其赋值为 0，并将人体温度的平均值作为另一个固定点，将其赋值为96，同时他也注意到冰水混合物的温度，将其赋值为 32。今天，美国官方的华氏刻度是基于两个数值相隔 180 的固定点——32℉ 的冰水混合物和 212℉ 的沸水。

1742 年，在实际应用中占据主导地位的另一种温标在科学界首次亮相，这要归功于瑞典天文学家安德斯·摄尔修斯（Anders Celsius）。他在一篇后世知名的文章中提出了坚实的科学论据，为温度计两个固定点的选择进行解释：其实该方式最初由圣托里奥提出，但未被普遍接受。在标准压力条件下，摄尔修斯确认了冰水混合物和沸水的温度，并将这两个固定点之间的温差分成 100 份。今天摄氏度这一温标就是以他的名字命名，并用 ℃ 表示的。最初，摄尔修斯选择将冰水混合物的温度定为 100，将沸水的温度定为 0，但在他去世后不久，这一数字就被颠倒了。

冰佩罗尼啤酒

"凡托齐有一个强大的日程计划：袜子、内裤、法兰绒睡袍、电视机前的小桌子、他为之疯狂的洋葱煎蛋、冰佩罗尼啤酒、疯狂的欢呼和自由的打嗝！"

聊到啤酒的最佳饮用温度，必须向伟大的保罗·维拉乔（Paolo Villaggio）和冰佩罗尼啤酒致敬[1]。20 世纪 70 年代，啤酒其实被定义为冷饮，但近几十年来饮料供应的巨大演变，以及随之而来的口感改善，使我们现在已经习惯于从 0℃ 到 16 ～ 18℃ 的饮用温度（具体取决于啤酒类型）。关于啤酒最佳饮用温度的文章甚多，甚至像《华尔街日报》这样的知名权威报纸也对此给予了关注。出于对凡托齐和他的冰佩罗尼啤酒应有的尊重，温度成了正确享用啤酒不可或缺的关注点。当然，在这种情况下也应该谨慎使用计量单位，因为欧洲皮尔

---

① 《凡托齐》是一部喜剧电影，保罗·维拉乔在其中扮演主角凡托齐。——编者注

森啤酒的建议饮用温度为 4 ~ 6℃，而它在美国的建议饮用温度则是 38 ~ 45℉。如果用错计量单位，将会对啤酒带来的味觉体验产生明显影响。

事实上，不仅仅是葡萄酒见证了温度的重要性，这个物理量与啤酒的渊源其实更加深厚。**温度实际上是热力学中的一个基本量。热力学是研究宏观世界的物理学分支，涉及系统之间及其与环境之间的能量交换，如机械能可转化为热能，热能也可以转化为机械能。热能是能量的一种形式。**正是两个物体之间的温差决定了它们之间的热量流动，较热的物体不可避免地向较冷的物体提供能量，并因此冷却下来。

热力学学科的创始人之一是来自兰开夏郡索尔福德的英国酿酒师詹姆斯·普雷斯科特·焦耳。焦耳最出名的贡献是他在 19 世纪 40 年代对机械功和热能量关系的研究，这两者都可以将能量传递到一个系统里。焦耳证明了容器中水的温度可以通过机械过程进行提高：他在转动的容器内部安装了一种螺旋装置，由于摩擦，保持螺旋装置运动的机械能可转化为水的热能。

焦耳的实验奠定了现代热力学的基础，尤其是能量守恒定律中的热力学第一定律，并且颠覆了热质说（caloric theory）。**热量曾被认为是一种无形的、非物质的流体，它可以在物体之间流动，其浓度决定**

了物体温度的高低，但焦耳证实了热量也是一种能量转移形式。焦耳获得的成果得益于他极其精确的温度测量能力，据说这来自他作为酿酒师的实践经验，也源于他对化学和仪器的熟悉程度。在曼彻斯特南部布鲁克兰郊区的公墓里，焦耳的墓碑上刻有数字 772.55，这是他在 1843 年的精确测量中得到的热功当量值。

啤酒分子

一大杯啤酒中含有大约 10^{25} 个分子。10^{25} 是一种简化写法，物理学家和数学家用它来表示一个 1 后面跟着 25 个 0 组成的数字。几小口啤酒中就有一千万亿个分子。当品尝第一口啤酒时，我们的大脑会评估其温度是否合适，却很难会想到这种感觉与数量惊人的分子有关。更准确地说，如果啤酒的温度比我们预期的高，我们不会想到这是因为这些分子的运动速度比我们味觉认为的最佳速度要快。这也说明，**物理系统的宏观热力学特性，如温度、压力和体积，与其组成部分的微观性质密切相关。**

热动力学理论描述了宏观热力学和物质微观行为之间的联系，焦耳便是该理论的先驱之一。1870 年前后，维也纳物理学家路德维希·玻尔兹曼（Ludwig Boltzmann）完善了该理论。热动力学研究的原型系统是一种被描述为一组微观粒子（可称为原子或分子）的气体，气体在容器内持续快速地运动。**根据热动力学理论，气体的压强、体积和温度是气体原子或分子运动的结果。特别是压强，它是由颗粒与容器壁之间的碰撞引起的，而气体温度与微观粒子拥有的动能有关。**

以玻尔兹曼命名的基本物理常数玻尔兹曼常数（k_B）将宏观世界与微观世界联系起来，并出现在将理想气体粒子的动能与其温度结合在一起的公式中：

$$E = 3/2 \, k_B \, T$$

这个公式表明，我们此刻房间的温度 T 与空气分子的平均动能 E 成正比，E 也即空气分子本身平均速度的平方。空气越热，分子移动就越快。能量与温度之间的比例常数为 k_B，在国际单位制中，k_B 的普适值为 $1.380\,649 \times 10^{-23}$。也就是说，在室温下，空气分子以每小时约 1 800 千米的速度移动！

物理学的非凡优雅之处就在于能够通过一个仅有几个字符的简单公式，来表达微观世界与宏观世界之间、一个原子与一艘飞船之间的联系。但关键是我们要用适当的温标来表示温度。该标准于 1848 年被提出，并以一条小溪流的名字命名。

开尔文

物理学的历史也充满了神奇的类比。和焦耳一样，玻尔兹曼的墓碑上也刻下了一个物理公式，准确地说是熵的表达式。如果说哈拉尔德·玻尔作为一名足球运动员的名气未能盖过他哥哥尼尔斯·玻尔的盛名，那么汤姆森兄弟也是如此。詹姆斯·汤姆森和威廉·汤姆森相隔两年出生在贝尔法斯特：詹姆斯生于 1822 年，威廉生于 1824 年。詹姆斯是一位科学家和发明家，正是他率先开始了我们在本章开篇提到的葡萄酒"泪滴"的研究，但即使是最有经验的酿酒专家也不怎么记得他，因为对葡萄酒"泪滴"的描述总是伴随着将该研究完善的意大利人马兰戈尼的名字。和玻尔兄弟一样，汤姆森两兄弟中也只有一个人进入了物理学的神殿，弟弟威廉由于其科学成就成为第一位以开尔文男爵头衔被召入上议院的英国科学家。开尔文是一条 35 千米长的河流，它流经格拉斯哥以北。开尔文被世人熟知还因为它是威廉实验室的所在地。

威廉是一位博学多才的科学家，他曾参与铺设第一条跨大西洋海底电报电缆。不过，他的成就主要与热力学有关，他于 1848 年提出了以他的名字命名的温标。**尽管在实际使用中它不像摄氏度和华氏度那样为人熟知，但开尔文温标是热力学的基础，其定义与水或人体等物质的性质无关。**

开尔文温标的单位增量与摄氏度的单位增量相同，但并未将冰水混合物的温度定为零度，而是将零度定义为物质可能达到的最冷点，也就是绝对零度，绝对零度相当于 −273.15℃。因此，开尔文温标是一个绝对温标，它描述了物质在微观角度（也就是原子和分子角度）的动能。从这个意义上讲，以开尔文表示的温度正是我们在前文中看到的公式 $E = 3/2\, k_B T$ 中使用的温度。

开尔文作为基本计量单位，自 1954 年国际计量大会通过以来，一直是热力学的基本单位。然而，一个计量单位要应用于实践，或将其定义转化为实践，则需要进行实验。该实验无须证明 1 开尔文，只要证明 273.16 开尔文就可以了。这个温度是水的三相点，也就是水的固体、液体和气体三相平衡共存时的温度。这是一个有效的通用标准，因为在给定压力下，根据其定义，三相点总是在完全相同的温度下发生，即 273.16 开尔文。因此，1967 年开尔文被定义为水三相点热力学温度的 1/273.16。

与其他单位一样，随着国际单位制根据基本物理常数得到修订，一切都发生了变化。为了根据基本物理常数重新定义所有基本计量单位，2018 年，国际计量大会使用玻尔兹曼常数重新定义了开尔文。该常数如今能够以极高的精度得到确定。因此，今天开尔文的定义为"对应玻尔兹曼常数为 $1.380\,649 \times 10^{-23}\ kg \cdot m^2 \cdot s^{-2} \cdot K^{-1}$ 的热力学温度"，其中千克、米和秒是根据之前我们看到的基本常数确定的。虽然水的三相点不再定义开尔文，但它仍然是一种简便、实用的校准温度计的方法。

开尔文是物理学中普遍使用的温度测量单位，但在日常生活和许多实际应用中，最常用的是摄氏度。无论是习惯于传统，还是因为两个非常容易记住的固定点（0℃ 表示冰水混合物，100℃ 表示沸水），又或者是因为我们在日常使用中都偏爱用小数字表示温度，总之现在全世界大部分地区都在使用摄氏温标。只有美国、一些太平洋岛屿、开曼群岛和利比里亚采用华氏温度作为官方温标。

无法实现的绝对零度

2013 年 2 月 10 日，意大利出现了有史以来的最低气温：-49.6℃。该温度是在特伦蒂诺-上阿迪杰大区圣马蒂诺大道上的布萨-弗拉达斯塔的落水洞里测得的。你可能觉得这已经非常冷了，但与来自南极的最低气温世界纪录相比，这根本算不上什么。1983 年 7 月 21 日，俄罗斯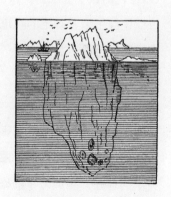沃斯托克科学考察站的温度记录为-89.2℃。但即便如此，与美国国家航空航天局的月球勘测轨道飞行器所携带的太空探测器在月球南极附近的一个陨石坑中测量到的-240℃相比，这仍然是一个温和的气候。而-240℃也远未达到绝对零度。在实验室里，人们可获得与绝对零度极为接近的情况。2014年，意大利国家核物理研究院的格兰萨索国家实验室实现了6毫开尔文的温度，这是一个非常了不起的成果。它是在一个1立方米体积的容器内获得的，如果在更小的体积下，甚至可以达到更低的温度，即仅高于绝对零度几千亿分之一开尔文。

　　物理学对接近绝对零度充满兴趣，因为在这些条件下物质会有非常不同的表现。在这样的温度下，许多物质的热、电和磁特性都会发生显著变化。在某些临界温度以下发生的两个重要现象是物质的超导性和超流体性。超导材料不会对电流产生阻力，因此可以在需要产生强磁场时使用，例如欧洲核子研究组织（CERN）的大型强子对撞机（LHC）的粒子加速器。大型强子对撞机由超过1 700块磁铁组成，它可以让粒子沿着确定的轨道运动。这里的所有磁铁都是超导材料，其中一些甚至重达28吨。

　　实际上，绝对零度是一个理论上无法实现的目标。**热力学第三定律指出，越是接近绝对零度，让物体失去热量就越困难，因此在有限的时间内使用有限的能量达到绝对零度是不可行的。**此外还有量子力学的存在，经典力学的确定性也随之演变为不确定性。沃纳·海森堡（Werner Heisenberg）的不确定性原理指出，一个实验，无论多么精确，都无法精确地同时测定所有粒子的位置和速度，或者更准确地说，无法测定粒子由速度和质量的乘积给出的动量。该原理还规定了在特定观察时间内确定系统能量的精度。

换言之，测量系统能量 ΔE 的精度与进行测量的时间间隔 Δt 的乘积不能低于规定的极限。其关系为 $\Delta E \cdot \Delta t \geq h / 4\pi$，其中 h 是我们在前几章中谈到的普朗克常量。因此，确定一个系统处于绝对零度意味着以绝对精度确定其能量为零（$\Delta E = 0$），这只能假设该实验在不切实际的无限次观察中完成。从另一个角度来看，将一个物体置于绝对零度意味着其每个原子全都静止在确定的点上。这需要确定该原子的确切位置和动量，再次与量子力学相矛盾。

比太阳还热的等离子体

1969 年 3 月 2 日，协和式超声速飞机首飞，飞行高度约为海拔 17 000 米，温度约为 -57℃。同年 7 月 20 日，人类首次踏上月球。阿姆斯特朗和巴兹·奥尔德林（Buzz Aldrin）在月球逗留期间，月球表面温度在 -23 ～ 7℃ 波动。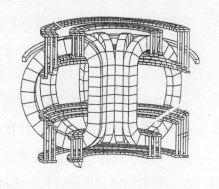
8 月 15 日，伍德斯托克音乐节用琼·贝兹（Joan Baez）、詹妮丝·乔普琳（Janis Joplin）及其他许多人的音乐作品款待了一代年轻人。那几天日间气温约为 28℃，夜间降至 12℃。然而，似乎很少有人关注这件事。那年春天，几位英国科学家前往莫斯科，他们的行李里带着一支用于测量 1 000 万开尔文的温度计。这支温度计表明，即使在黑暗的冷战中期，科学也可以成为和平的工具。

　　当时，美国和苏联这两大阵营之间的关系日益紧张，核军备竞赛无尽无休。仅 1960—1969 年，美国和苏联就进行了 660 次原子弹试验，世界处于恐怖的平衡之中。然而，与军事研究同时进行的还有和平利用核能的研究。第一个被付诸实践的物理研究是核裂变，在这个过程中，被中子撞击的重核原子分裂并释放能量。1951 年，第一座能够发电的实验性增殖反应堆 EBR-1 在美国投入运行。虽然 EBR-1 产生的电力只能为 4 个 200 瓦的灯泡供电，但这已是一个历史性事件。1954 年 6 月 27 日，苏联第一座民用核能发电厂启动，并被命名为"和平原子"。一年后，在爱达荷州的阿科，Borax-Ⅲ核反应堆已经能够为整个城镇供电。1962 年，法国和意大利的第一批核裂变发电厂投入使用。

　　没多久，关于核裂变反应替代过程的研究就开始了，即核聚变反应。正如我们在讨论千克时看到的那样，由于核相互作用的普遍存在，在聚变过程中，氢同位素的两个轻核可以聚在一起。在反应中，反应物的一部分质量转化为能量。与核裂变反应一样，单个原子反应释放的能量远大于正常化学燃烧反应获得的能量，且不产生二氧化

122

碳。而核聚变的巨大优势还在于不会产生持久的放射性废物，反应过程在本质上是安全的，燃料（水和锂矿物）基本上是无限的。这项研究具有的战略意义可见一斑。因此，在冷战中期，两大阵营在核聚变方面的竞争非常激烈，因为拥有这样的能源将是一个巨大的经济和政治优势。这就是为什么 1968 年夏天，在国际原子能机构（IAEA）组织的"第三届等离子体物理和核聚变控制研究会议"上，当苏联宣布他们实验中的燃料温度已达到 1 000 万开尔文时，许多西方人都出了一身冷汗。

引起这么多骚动的原因正是核聚变物理学。为了实现核聚变反应，实验人员必须将两个氢同位素的原子核加热到非常高的温度，以克服它们之间存在的自然排斥力。原子核通常带有正电荷，它们往往会因为库仑力而相互排斥。但如果它们靠得足够近，又会受到核吸引力发生聚变反应。为了使氢原子核足够接近，我们需要将它们加热到数百万开尔文，以便利用我们前面提到的热运动。在高温下，原子核运动很快，因此有足够的动能来克服排斥力。在这个温度下，物质可达到所谓的等离子态，即一种离子化气体，确切地说，就是聚变的燃料。科学家的目标是将未来聚变反应堆的等离子体加热到 1.5 亿摄氏度，这一温度比太阳中心的温度还高。

等离子体需要一个能承受高热负荷的容器，并且容器壁不会因高温而降低其性能。为了实现这一目标，从事核聚变研究的物理学家设计了特殊的环形钢容器，等离子体在其中受强磁场的约束，而磁场又对构成等离子体的移动带电粒子施加力。

20 世纪 60 年代的主要核聚变实验之一被称为 T-3，其在莫斯科库恰托夫物理研究所进行。为了实现这一目标，苏联研究人员使用了一种被称为托卡马克的特殊磁场装置，这种装置是由安德烈·萨哈罗夫（Andrej Sakharov）和伊戈尔·塔姆（Igor Tamm）在几年前设计的。经过几年的实验，1968 年，苏联科学家声称已可将 T-3 等离子体加热到 1 000 万开尔文。考虑到等离子体的其他参数，这已是一个了不起的惊人成果，并使苏联在这一战略领域暂时占据主导地位。尽管当时世界存在政治分歧，但幸运的是，东西方之间的科学交流一直保持畅通。因此，出于最纯粹的科学精神，有人建议对苏联的研究进行独立评估。意识到研究成果价值的苏联物理学家，邀请来自卡勒姆实验室的英国科学家到莫斯科亲自测量他们的实验温度。除了因为"竞赛"，还因为英国人拥有一个新近发明的非常特殊的温度计——一位专家发明的利用激光测量等离子体温度的装置。

在冷战最激烈的时候，这是一个大胆的、绝非简单的提议。政治和外交方面的影响和困难都相当大，但双方都希望从此举获得巨大收益。对苏联来说，这将是对其方法和领导权的承认。而对于英国人来说，这是一个应用物理学壮观的试验场，也是一个国际舞台，尤其对被称为汤姆孙散射（Thomson scattering）的温度测量技术来说。这项技术通过检测等离子体中移动的电子散射的激光来测量温度，这个复杂的测量技术在那些年里被不断完善。

尽管疑虑重重且过程非常复杂，该任务还是完成了。英国科学家小组携带了重达 5 吨的仪器前往莫斯科。经过数周准备，测量取得了成功，并证实了前一年苏联科学家的报告，从而为托卡马克装置在国际上的成功奠定了基础。几个月后，美国将他们在普林斯顿实验室的主要实验装置变成了托卡马克，并很快取得了类似结果。托卡马克成为全球受控热核聚变研究的主角。

科学证明了它可以推倒偏见的壁垒。

**丈量 ———— ▶ 冷暖之度
世界的
历史**

Le 7 misure
del mondo

1. 葡萄酒的"泪滴"现象是由于玻璃杯的旋转使部分酒液挂在酒杯内壁上，这部分液体比杯内液体蒸发得更快，于是杯壁上的液体酒精度数更低，这时杯内液体会被上推到杯壁，积聚并以"泪滴"的形状回落。

2. 伽利略发明了第一个温度计，他的朋友圣托里奥是第一位观察人体温度变化并将其解释为衡量健康状况和疾病发作预兆的西医。

3. 温度的原理是热平衡。如果两个不同温度的系统接触，较热的物体会将热量传递给较冷的物体，使它们的温度变得相同，并达到热平衡状态。

4. 温度是热力学的一个基本量。热力学是研究宏观世界的物理学分支，涉及系统之间及其与环境之间的能量交换，如机械能可转化为热能，热能也可以转化为机械能。

第 5 章

电流之衡:
科学圈尽人皆知,
公众中鲜为人知

L'ampere

Le 7 misure del mondo

刮掉……伏特

当拿破仑在由月桂花环绕的铭文上用指甲刮掉最后几个字母时, 不止一个人惊呆了。他们当时在位于巴黎的法国科学院图书馆里, 而铭文是专门献给伏尔泰的。不过, 似乎没有人敢责怪拿破仑, 毕竟这不是无端的破坏行为, 而是对意大利物理学家亚历山德罗·伏特 (Alessandro Volta) 的肯定, 是这位未来的皇帝在对其表达钦佩。因为拿破仑的刮擦, 铭文 "致伟大的伏尔泰" 变成了 "致伟大的伏特"。维克多·雨果在他的《莎士比亚》中讲述的这一轶事的真实性值得怀疑, 因为我们没有其他直接证据。但伏特享有拿破仑的敬意是肯定的, 因为拿破仑曾授予伏特一枚科学院奖章，1809 年又任命他为意大利新王国的参议员，并授予他伯爵头衔。

毫无疑问，这种敬意来自伏特卓越超群的科学事业，而这主要是电池的发明。伏特于 1745 年出生在科莫。他一直是电学现象的研究先驱，正是在那几十年里，科学界开始以系统性的方式对电学现象进行研究。他还是在马焦雷湖附近的沼泽中发现甲烷的主角。1799 年，伏特构思出电池，这是第一台通过适当反应将化学能转化为电能的发电机。只要想想在各种情况下使用的电池数量，以及它们在未来电力经济中日益增长的作用，就不难了解这位科莫物理学家的发明的重要意义。这一点也得到了爱因斯坦本人的认可，他在 1927 年伏特逝世一百周年之际将电池定义为"所有现代发明的根本基础"。

比克笔

都灵乌姆贝托国王大街 60 号有一块纪念碑，这里是那位"令日常书写更加便捷"的人的出生地。这位先生就是马塞尔·比奇（Marcel Bich），1914 年他出生于意大利皮埃蒙特，后来随家人移居法国。第二次世界大战后，他在法国购买并完善了匈牙利发明家拉迪斯洛·约瑟夫·比罗（László József Bíró）的专

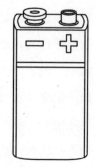

利, 并以此为基础开始工业化生产堪称世界上最常见和最广泛使用的书写工具: 比克笔 (Bic)。比罗发明了以他的名字命名的圆珠笔, 这种笔不用频繁地补充墨水, 与钢笔相比有更持久的"续航时间"。比罗的圆珠笔立即被英国皇家空军买走了, 因为墨水笔的墨水很容易溢出, 不适合飞行。后来被称为埃特彭 (Eterpen) 的新型圆珠笔成为飞行员快速记笔记的理想选择。虽然比罗未能进入更大的市场, 但比奇成功地实现了这一目标。这要归功于他所做的改进, 包括随时可知墨水余量的透明外壳。

比奇和伏特的名字在世界范围内享有盛誉, 却很少有人能将他们的故事联系在一起。据英国权威日报《卫报》估计, 自 20 世纪 50 年代以来, 全世界已经生产了大约 1 000 亿支比克笔, 这足以画出一条来回连接地球和月球约 320 000 次的线。毫不夸张地说, 在我们这个星球上几乎每一位居民一生中至少有一次手中握着一支比克笔。但只有一小部分人, 无疑是很小的一部分人, 想到了伏特和这位皮埃蒙特的发明家。国际能源署 (International Energy Agency) 估计, 世界上大约 90% 的人口都能够用上电, 这意味着大约 70 亿人听说过伏特这个电位差计量单位。我们通常也称电位差为电压。

正是由于电路两点之间存在电位差, 电荷 (实际情况中为电子) 才能沿着电路移动并产生电流。电流可使连接到电路的电器工作, 无论是灯泡、收音机、个人电脑、手机, 还是榨汁机。为了输送电力,意大利干线需使用高达 38 万伏的电压。事实上，高电位差确实可确保电力传输更加有效，但要想用于家庭电器，电压则需通过变压器降至 220 伏（世界大部分地区普遍使用该电压值），北美地区则需降至 120 伏。普通的 AA 电池可提供 1.5 伏的电位差，而汽车电池则为 12 伏。无论好坏，伏特是每个人迟早都要面对的一个计量单位。但是，就像比奇的情况一样，世界上大部分电力用户可能并不知道伏特这个姓氏的最后一个字母被省略了（意大利人除外）。

当我们在日常生活中谈论电力的时候，无论我们是否知道伏特的起源，电压与千瓦时一样，都是知名的计量单位。日常生活中谈论电压主要是出于安全考虑，而使用千瓦时主要是从经济角度考虑。千瓦时是用于量化电力消耗的计量单位，公共管理机构会在账单中使用它，以便向我们收取费用。一般来说，伏特的传播理应与千克、米和秒类似。如果说后面三个单位的公众知名度与科学界一致，是因为它们是国际单位制中的基本计量单位，那伏特可就不是这样了。

埃菲尔铁塔上的名字

如果说伏特因伏尔泰名字后面几个字母被刮去而获得的名气只是一件轶事，那么安德烈-玛丽·安培的出名则更为可信，因为他的姓氏与其他 71 位杰出的法国科学家一起被铭刻在埃菲尔铁塔一层的大阳台下。1775 年出生于法国里昂的安培是当之无愧的电磁学研究先驱之一。在实验物理和数学方面都表现出色的他对电磁场的理解做出了重要贡献。他的数学能力也体现在他年轻时的著作《对数学博弈论的思考》（*Considérations sur la théorie mathematique du jeu*）中，他在其中证明了玩家在基于概率的游戏中将注定输给庄家。

除了埃菲尔铁塔上镌刻的名字，安培的发现还为他赢得了一个以他的名字命名的计量单位的荣誉，即单位安培，它已被列入国际单位制 7 个基本单位之一。电和磁现象本质上与电荷和电流有关。在微观层面上，物质有一种特性，即电荷，这在宏观维度上很难被察觉。让我们以原子为例：它由一个原子核和若干电子组成，原子核由被称为质子和中子的粒子组成，在玻尔的半经典模型中，电子围绕原子核运行。质子和电子的质量不同，一个质子比一个电子重约 1 836 倍。其电荷也不同，质子带正电荷，而电子带相同的负电荷，中子不带电荷。**这就是物质众多基本特性的起源：带相同电荷的粒子相互排斥，而带相反电荷的粒子相互吸引**。因为单个原子均具有等量的正负电荷，所以物体通常是电中性的。

当电荷移动时，会产生电流。当我们将电池装入手电筒时，电子会因电位差而运动，并在铜线和手电筒灯泡中循环，产生电流，正是电流点亮了灯泡。同理，冰箱能工作也是因为通过连接到插座的电线接通了电流。电荷和电流对物理学和科学技术的应用至关重要，因为它们是无处不在的电场和磁场的来源。因此不出意料，电现象的基本测量单位就是电流的单位安培。然而，安培在科学家中有多么受欢迎，在公众中就有多么鲜为人知。

每个人都知道家用电源插座的两端之间有 220 伏电压，手机充电器以 5 伏电压为电池充电，但可能很少有人知道普通家用电器在工作时会消耗几安培的电流，也不会知道在智能手机电路中循环的电流约为 1/10 安培。但正是由于电流，差动开关才能保护我们的家用电器设备，有时甚至可以拯救我们的生命。

奇妙的磁

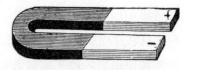

"接下来，我将解释为什么磁石的英文是 magnete，因为它的产地是美格利西亚（Magnesia）。古希腊人常常将这种石头悬挂成一条小圆环链，它是让人为之惊叹不已的伟大奇迹。"

这段话摘自乌戈·多蒂（Ugo Dotti）翻译的《物性论》的第六卷：公元前 1 世纪，拉丁诗人和哲学家卢克莱修告诉我们电磁现象在当时是如何被描述的。在老普林尼的《自然史》中也发现了类似的证据。古希腊人已熟知电和磁的一些表现形式，这一点已得到各种证实。其中，柏拉图在约公元前 360 年创作的《蒂迈欧篇》中写道："这解释了水的流动、闪电及琥珀和磁铁的奇妙引力。"磁石已众所周知，我们也知道用一块羊毛摩擦琥珀后能够吸引较轻的物体。直至今日，在物理课上，老师仍会向学生展示由静电力造成的这一现象。

人们至少花了几千年的时间才理解了电磁学，并将其整理为一套**严谨的理论。18—19 世纪，伏特、安培、奥斯特、库仑、法拉第、麦克斯韦等科学家研究发展了电磁学，直至建立了电场和磁场及电荷与电流之间关系的 4 个基本麦克斯韦方程。**

因此，与长度、时间和质量等计量单位相比，电磁计量单位出现得较晚也理所应当。19 世纪下半叶，人们开始谈论电磁计量单位，随之各种提议接踵而至，但未达成普遍共识。1871 年出生于卢卡的意大利工程师乔瓦尼·乔吉（Giovanni Giorgi）提出了宝贵建议，他于 1901 年向意大利电工协会提交了一份题为《电磁合理单位》（*Unità razionali di elettromagnetismo*）的报告，提议重组米、千克和秒的计量体系，补充一个与电磁现象有关的基本计量单位。他的提议被大家接受，于是一项确定最合适的计量单位的艰巨工作开始了。我们不要忘记，电磁学是一门年轻的科学：**米、千克和秒的最初定义是基于千年的经验，但电磁计量方法的选择却几乎与该学科的系统性探索与研究齐头并进。**1948 年，在第九届国际计量大会上通过了安培的定义，这是朝着 1960 年国际单位制定义迈出的关键一步。

　　然而，计量单位安培的定义非常复杂，很难在实践中实现。它是基于安培的实验，而安培的实验又是受生活在 1777—1851 年的丹麦物理学家奥斯特的启发。尽管这个故事可以追溯到 700 年前的中国海上。

指南针和电流

　　在公元前 3 世纪左右修建长城时，中国人就知道用线悬挂的磁铁总是指向同一个方向，这就是指南针的前身。但在当时，它可能仅是一种用来预测未来的占卜技术。还要等上千年，它才能成为一种有效的定向辅助工具。正如马西莫·瓜尔涅里（Massimo Gurnieri）在《IEEE 工业电子杂志》（*IEEE Industrial Electronic Magazine*）上发表的一篇文章中所述，自公元 1000 年的前几十年开始，罗盘先是用于陆上军事，后来用于海上导航，而在此之前，人类只能依靠星星指引方向。12 世纪 90 年代，亚历山大·内克姆（Alexander Neckam）在《论事物的本质》（*De naturis rerum*）中首次提到了指南针，目前尚不清楚它是从中国传入

欧洲大陆的, 还是欧洲独立发明的。

今天我们知道指南针之所以起作用, 是因为制作指南针的磁性材料受地球磁场的作用, 而地球磁场总是南北定向的。虽然其效应如此明显, 但地球磁场的起源我们尚不完全清楚, 尚有很多研究试图阐释其缘由。地球磁场应该是由地球中心熔融态的金属中流动着的电流造成的, 但这些电流的作用过程仍然是一个谜。对此有兴趣的人可以在互联网上搜索加州大学圣克鲁兹分校加里·格拉茨迈尔 (Gary Glatzmaier) 的计算机模拟图像, 这些图像展示了地球内部的磁场, 看上去就像一大碗意大利面!

我们应该感谢奥斯特的实验, 该实验说明了电流与磁场的关系。据说, 1820 年, 当他在一次讲座中演示电磁学现象时, 他惊奇地注意到指南针的指针在接近有电流通过的导线时发生了偏移。

正如有时发生的那样, 这则轶事在历史上似乎并不真实。罗伯托·德·安德拉德·马丁斯 (Roberto de Andrade Martins) 在《伏特与电的历史》(*Volta and the History of Electricity*) 一书中提到科学发现的实际情况有时比已简化的叙述要复杂得多。但毫无疑问, 这一观察结果有些出人意料, 因为在此之前, 电 (这里指电流穿过导线) 与磁 (这里指指南针的指针) 被认为是毫不相干的两种现象。然而, 奥斯特则证明电流能够产生磁场。

　　奥斯特的发现迅速传播开来。安培进一步展开了重要实验，证实并扩展了这位丹麦物理学家的发现，同时发展了电磁学理论。安培随后发现，不仅磁针在电流流过的导线附近会受到影响，而且用有电流通过的导线代替磁针也会发生同样的现象。不要认为这些仅仅是专业人士的学术消遣，因为磁场对电流施加力的原理后来被应用于电动机，例如洗衣机。只要想想这背后含有多少科学道理，那么洗衣机肯定会呈现出完全不同的魅力。

　　安培根据两根电线之间的距离确定了它们之间作用力的大小，这也是 2019 年之前使用的电流计量单位——安培的定义基础。这个定义烦琐且不切实际：1 安培是两根相距 1 米且无限长的导线中流动的电流强度，此时作用在每根导线上的相互作用力等于百万分之二牛顿（牛顿力的测量单位）。

　　大家不要惊慌，无须关注细节。这个复杂句子的意思是：我们取两根长导线使其通过相同的电流，将它们放在相距 1 米的地方，然后测量它们之间的作用力。当该作用力为设定值时，那么两根导线中正流动着 1 安培的电流。这个数值正好对应上面提到的每米导线作用力的百万分之二牛顿。"无限长的导线"就是第一个实际困难。

　　而且百万分之二牛顿是一个非常小的力。为便于理解，我们举几个例子，如一个重 70 千克的人大约是 700 牛顿（即地球吸引他的重力），要将一杯咖啡送到嘴边，需要 1 牛顿的力。根据定义，电线必须无限长。最重要的是，安培虽然是一个电学单位，但它是用机械术语定义的，更确切地说是用力定义的。而力的计量单位牛顿不是基本单位，而是由来自国际单位制的质量单位千克推导出来的。我们已经看到，保存在塞夫尔的千克标准物随时间的推移发生了变化，这就限制了其导出单位的准确性。简言之，无论是从实践上还是理论上，2019年之前施行的安培定义并不能令人满意。为了解决这个问题，我们再次转向了自然界的支撑——另一个基本常数，即基本电荷的值。

在本章开篇，我们回顾了原子是由质子、电子和中子组成的这一理论。**质子和电子具有相同的电荷，即正质子和负电子。这种电荷称为基本电荷。**有证据表明，自然界中电荷仅存在基本电荷的倍数，这就好比鸡蛋，大家可以想象一个装满鸡蛋的容器：超市里的一盒，批发商的板条箱，或一辆装货的卡车。但无论有多少，它们总是 1 个鸡蛋的倍数。电荷也是如此，用塑料梳子在羊毛外套的袖子上擦一擦——就像古人的琥珀碎片一样，它就会带电，可以吸引小纸片。但无论梳子上积聚的电荷是多少，它总会是基本电荷的倍数。

基本电荷的值是一个常数，用 e 表示，$e = 1.602\ 176\ 634 \times 10^{-19}$ 库仑。库仑是电荷的计量单位。在国际单位制中，它是一个导出单位，因此不是基本单位，它的名字源于 1736 年出生的法国物理学家库仑，他也是在埃菲尔铁塔基座留名的 72 位科学家之一。从基本电荷的值可以看出，e 的值与库仑相比是极小的。要达到 1 库仑，需要大约 600 亿亿个基本电荷，准确地说是 $6.241\ 509\ 074\ 46 \times 10^{18}$ 个，这个数字正好是 $1.602\ 176\ 634 \times 10^{-19}$ 的倒数。为方便起见，我们称这个 1 库仑的基本电荷为 N。

同样在本章开篇，我们还看到电流与电荷的运动有关。因此，通过导线的电流被定义为在 1 秒内通过导线横截面的电荷量（以库仑为单位）。根据 2019 年的新定义，1 安培相当于每秒通过 N 个基本电荷产生的电流强度。从此，安培也从人工制品如电线中解放出来，最终只依赖于自然界的普适常数。

电力与可持续发展

当时任苏联领导人的米哈伊尔·戈尔巴乔夫和美国总统罗纳德·里根共同出现在 1985 年 11 月 20 日的闭幕式上时，"两人间的化学反应有目共睹。对彼此流露出的平静与放松的姿态、微笑与决心，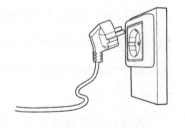一望而知"。这是他们在日内瓦举行的两个超级大国的双边峰会上的首次会面。这样描述此次会议的是美国国务卿乔治·舒尔茨（George Shultz）。两国领导人会面的主旨是冷战中期的军备竞赛，讨论的主要是减少核武器数量的可能性。此次会议在日内瓦举行, 是当时 6 年多以来的首次美苏峰会, 在此期间, 世界核弹头数量猛增, 美苏战略关系与世界平衡都建立在"保证互相毁灭"的思想基础上。该思想认为, 如果两国中的一个国家对另一个国家发动第一次攻击, 那么第二个国家就会做出反应, 由此产生的核战争将摧毁两国, 无一幸免。

尽管在核武器的具体消减措施方面缺乏切实进展, 但日内瓦峰会是美苏关系的转折点, 之后全世界的原子弹装备数量开始下降, 这种下降一直持续到今天。除了有关军备的磋商, 两国元首还讨论了和平利用核能的问题。会议结束时的官方声明指出, "两位领导人强调了将受控热核聚变用于和平目的的工作的潜在重要性, 在这方面, 他们希望为了全人类的共同利益, 尽可能广泛地开展国际合作, 以获得这一基本上取之不尽用之不竭的能源"。这一承诺很快促进了国际热核聚变实验堆计划(ITER)的启动。这是一个研究核聚变的重大国际计划, 一年后, 欧盟、日本、苏联和美国达成政治协议, 共同实施该计划。中国和韩国于 2003 年加入该计划, 随后印度于 2005 年加入。尽管戈尔巴乔夫和里根表达了良好的意愿, 但直到 2006 年各国才正式签署了这项执行协议, 就此 ITER 进入实施阶段。这充分说明了世界主要经济体寻找可替代化石燃料且无二氧化碳困扰的电力生产资源的紧迫性。

如今, 在法国南部普罗旺斯区的艾克斯附近, ITER 的建设正在快速进行, 预计 2030 年将取得首批重大成果。ITER 的目标是证明可控热核聚变技术的可行性。ITER 的核反应堆是一个差不多 10 层楼高的建筑。ITER 必须通过核聚变反应产生比其运行所需功率（5 000万瓦特）大 10 倍（5 亿瓦特）的能量。ITER 还将承担决定性的下一步，即建造一个名为 DEMO 的实验反应堆，也就是一个核聚变示范电厂，用于展示核聚变大规模生产电力的可能性。**如果一切按计划进行，DEMO 将在 21 世纪下半叶引领核聚变进入实用时代，有望为人类长期解决环境危机做出重要贡献。**

ITER 装置是一个超导托卡马克，就是我们在第 4 章末尾谈到的用于研究环型核聚变的一种实验装置。它工作的基础是流经等离子体的电流，实验中包含极高温度的电离气体（核聚变的燃料）以及磁场。

在托卡马克中，聚变反应在等离子体内部发生，并随之释放能量。因此，电离气体必须被加热到大约 1.5 亿开尔文的温度（大约是太阳内部温度的 10 倍），并以稳定和静止的方式将粒子约束于其中，而不与反应堆本身的金属壁相互作用，否则将大大降低其性能。这种约束是通过电磁力平衡压力变化引起的膨胀力实现的。这种情况类似于汽车轮胎，汽车轮胎内部的气压约为外面的 2 倍。汽车对轮胎内部高压空气的约束是通过机械方式实现的，即弹性材料制成的气室。约束力与源自轮胎内外压力差的膨胀力相抵。托卡马克反应堆等离子体中的情况类似，实验中心的高温等离子体比边缘的压力更高。为了应对扩张趋势，就需要一种平衡的力量。

从理论角度来看，这个问题相对简单。牛顿第二定律告诉我们，如果我们知道物体与它所处环境的相互作用，即力 F，我们就可以导出加速度 a，这实质上意味着我们了解了这个运动。

牛顿第二定律也适用于静态平衡的情况，即在这种情况下，作用在物体上的所有力的总和必须为零，其加速度和速度也必须为零。因此，该定律也适用于研究等离子体的约束，使科学家确定一个与压力、膨胀力相反的力。这种力是通过电流在等离子体内部流动并同时对其施加磁场获得的。解决方案的数学形式相对简单，可用一个简洁的方程式表示：

$$\nabla p = \vec{J} \times \vec{B}$$

左侧的 ∇p 项表示由等离子体压力引起的力，它必须由等离子体中流动的电流 $\vec{J}$ 和磁场 $\vec{B}$ 之间的相互作用力来平衡。

正如科学中时常发生的事那样，将一个简洁的方程式付诸实践可能需要非凡的努力，ITER 无疑就是这样。等离子体的电流值高达 1 500 万安培，是一般厨房中电烤箱电路最大电流的 100 多万倍。要想产生这样的电流，必要的磁场、封闭等离子体的超高真空容器和各种辅助组件都需要尖端技术来实现。例如，磁场是由磁铁产生的，我们在第 4 章中讨论过磁铁的超导原理，而建造 ITER 需要的磁铁与建造埃菲尔铁塔使用的钢材一样多。

意大利使用新型材料建造的偏滤器托卡马克实验（Divertor Tokamak Test，DTT）项目也将为实现核聚变做出新的贡献。DTT 是由位于弗拉斯卡蒂的欧洲核能机构（ENEA）所属实验室构思的高科技集合体，它由 ENEA、意大利的大学和研究机构以及意大利埃尼集团（ENI）的研究人员共同设计。意大利在弗拉斯卡蒂、帕多瓦和米兰的实验室及许多其他研究小组在核聚变研究方面处于国际前沿地位。DTT 的核心是一个直径约 6 米的钢制圆环，其内部可产生等离子体，在最大性能下其温度可达约 7 000 万开尔文。DTT 产生的等离子体被 6 特斯拉的磁场包围，这也是大型托卡马克迄今为止达到的最高值之一。DTT 的主要目的是通过创新实验室研究聚变反应堆的强功率流。核聚变反应中一部分等离子体的能量会被输送到托卡马克外围区域，即偏滤器上。目前的实验似乎表明，流入偏滤器的功率流集中在相对较小的表面，其表面单位面积的热负荷相当于太阳表面单位面积的热负荷，甚至更大。对于核聚变技术的发展来说，这无疑是一个关键问题，DTT 必须找到解决方案。

苏联物理学家、核聚变的伟大先驱之一列夫·阿齐莫维奇（Lev Artsimovich）在被问及何时可以获得核聚变提供的能量时回答说，核聚变将在社会需要时准备就绪。除了辩论，阿尔西莫维奇的回答还包含着一个现实问题。从工业革命开始，尤其是第二次世界大战后世界经济复苏开始，世界发达地区在资源无限的基本假设中发展经济，并没有考虑到日益增长的化石燃料的使用对环境产生的不良后果。这些后果目前摆在每个人的面前，并伴随着严重的气候危机，于是人们开始意识到化石燃料并不是无限的。

气候危机给我们带来的问题日趋严重，幸运的是，越来越高的环境敏感度已促使新的可持续能源发展模式成为当今社会的迫切需求：在这种模式中，核聚变及可再生能源和电池的研究与投资将发挥非常重要的作用。 在未来的核反应堆中，如果氘和氚这两种氢的同位素能稳定地发生聚变反应，一个水瓶中的氘就可以产生与 500 升柴油相同的能量，这些能量能使汽车行驶 10 000 千米。

用不上电的 10%

还有另一个问题，且生活在发达国家的人们往往会忘记这一点：能源短缺。

在本章开篇，我们了解到世界上 90% 的人口都能用上电。70 亿人只需一个简单的动作，即把插头插入墙上的插座，就能使电流流入家用电器、汽车和手机电池、

供暖设备和空调系统。医院的手术室和保育箱、储存食物的冰箱和抽水泵也都是如此。这个如此显而易见，甚至我们已熟视无睹的动作，极大地提高了人类的生活质量。

除了用不上电的 7.7 亿人，还有 28 亿用不上烹饪工具的人。做饭时，我们习惯了打开煤气灶或电磁炉，但还有数十亿人要使用木材和粪便等生物质燃料，这严重影响了他们的健康。因为燃烧通常在封闭、通风不良的地方进行，这会造成颗粒物污染，对那些常待在家里的人，尤其是对妇女和儿童造成巨大的伤害。全世界每年大约有 400 万人死于空气污染，基本都是这些因素造成的。

电力供应对供水也至关重要。没有电，我们就不能使用工具提取、净化和分配水资源，只得自己去取水。在不发达国家，仅取水就需要耗费大量时间，但受害最深的还是妇女和儿童。根据联合国儿童基金会的一项研究，在马拉维，女性平均每天需要花 54 分钟去取水，而男性为 6 分钟。没有电就不能制冷，这意味着没有冷链可以保存药品、疫苗和食物，其导致的悲惨后果可想而知。有时电流可能意味着生与死的区别。

当我们看到一群绝望的人坐着小船面对大海，或者在充满敌意或荒凉的土地上行走数月时，我们应该想一想，有插座可用的幸运意味着什么，想一想今天仍被安培区分开的世界。

**丈量
世界的
历史**

Le 7 misure
del mondo

▶ 电流之衡

1. 18—19 世纪，伏特、安培、奥斯特、库伦、法拉第、麦克斯韦等科学家研究发展了电与磁，直至建立了电场和磁场及电荷与电流之间关系的 4 个基本麦克斯韦方程。电磁计量方法的选择几乎与该学科的系统性探索与研究齐头并进，因此电磁计量单位出现的时间比较晚。

2. 丹麦物理学家奥斯特证明电流可以产生磁场。安培进一步就此展开实验，证实并扩展了奥斯特的发现，同时发展了电磁学理论。

3. 在 2019 年之前，安培是用力来定义的，这个定义在实践上和理论上都不能让人满意。直到 2019 年，安培才通过基本电荷得到新的定义，成为依赖普适常数的计量单位。

4. 越来越高的环境敏感度已促使新的可持续能源发展模式成为当今社会的迫切需求：在这种模式中，核聚变及可再生能源和电池的研究与投资将发挥非常重要的作用。

第6章

量子之数：
衡量分子和原子的工具

La mole

Le 7 misure del mondo

元素周期表

我是一家化工厂化学实验室里的工作者，我也曾为了果腹偷东西吃。除非从小就开始，否则学习偷窃并不容易；我花了几个月的时间来克服道德戒律和掌握必要的技术，在某一刻，我意识到我正在重生，带着一闪而过的笑声，以及一丝满足的野心。我，一条退化又进化的好狗，一条具有维多利亚女王时代

特色和达尔文式的被放逐的狗，为了在克朗代克的"集中营"中生存而成为一个小偷——《野性的呼唤》里的大巴克。我像狐狸一样偷东西，抓住每一个有利的时机，施以狡猾诡计，

而不让自己暴露。除了同伴的面包，我什么都偷。在物质方面，实验室是个有待探索的处女地。那里有汽油和酒精——平淡无奇却需费心费力的猎物：许多人从建筑工地的不同地点偷走这些东西，它们的报价很高，风险也很高，因为液体需要容器。包装是个大问题，每个化学专家都知道，上帝也深知这一点，他用细胞膜、蛋壳、橘子的多重果皮和我们的皮肤出色地解决了这一问题，因为说到底我们也是液态的。当时没有柔韧性、轻便且防水性能极佳，用起来很顺手的聚乙烯：但它有点太不易腐了，上帝不喜欢不易腐的东西。

这段话摘自普里莫·莱维（Primo Levi）的《元素周期表》（*The Periodic Table*），这是一本精彩的关于化学和生命的书，被很多人认为是有史以来最好的科学读物。

莱维是一名犹太人，1937 年报考了都灵大学的化学系。化学是一门研究物质的科学：它们是如何形成的，它们的结构、组成它们的物质特性和变化如何，以及它们如何反应。在我们的生活中化学无处不在，它存在于我们的视觉、触觉、听觉、嗅觉、味觉……莱维从高中时代就对此很着迷，并在《元素周期表》的另一篇文章中表达了这一点："我试图向他们解释当时正困扰我的一些想法。人类的高贵之处就是成为物质的主人，这种高贵来自 100 个世纪的试验和错误，而我报读化学专业正是因为我想忠于这种高贵。战胜物质就是要理解它，而理解物质对于理解宇宙和我们自己是极为必要的。因此, 那几个星期我正在费尽心思去理解门捷列夫的元素周期表, 它是一首比高中时所学的所有诗歌都更崇高、更神圣的诗。"

可是, 意大利文化中对科学的持续低估并没有让当时的人充分认识到莱维主张的力量。当化学在欧洲诞生时, 元素周期表实际上是 17—19 世纪人类思想的一种崇高建构。**尽管早期化学是炼金术的产物, 但经过对几个世纪积累的知识进行分类和系统化, 再加上实际方法的应用, 它很快就摆脱了过去的光环, 成为一门现代科学, 一门为原子物理学的发展奠定基石的科学。**化学家也对发现的新元素进行了描述和分类。18 世纪下半叶, 拉瓦锡识别出 33 种元素, 大部分元素目前我们仍在使用; 到 19 世纪末, 化学家已经整理出约 70 种已知元素。今天, 我们知道的元素有 118 种, 其中 92 种为天然元素, 其余为人工合成。

化学发展的一个转折点是俄罗斯化学家德米特里·门捷列夫在 1869 年提出的元素周期表, 他以简洁的图表方式将元素相互关联起来。如此简单而又绝妙的直觉: 他根据元素的原子量大小将元素排列成行和列, 一幅图像开始从一堆混乱的拼图中浮现出来。以这种方式排列元素后, 它向人类揭示了元素之间意想不到的关系, 最重要的是激励了化学家着手进行新的研究。**门捷列夫并不害怕留白, 同所有伟大的科学家一样, 他认为怀疑和无知不是耻辱, 而是财富。**他会在元素周期表中的相应位置留下空位，以表示该元素尚未被发现。他的这种分类展示了元素的新特性，并证明了元素的不同组合形式，这对化学是极其重要的贡献。得益于安东尼乌斯·范·登·布鲁克（Antonius van den Broek）在 1909—1913 年做的工作，今天，元素周期表中的元素依据原子序数从小至大排序。

让我们说回到莱维。他在 1941 年大学毕业后找到了一份工作，且于 1942 年加入了秘密行动党。1943 年 9 月 8 日之后，他加入了一个在瓦莱达奥斯塔活动的游击队。几个月后的 12 月 13 日，他在布吕松落入法西斯手中。法西斯分子不知道他在抵抗运动中的活动，但认定他是犹太人。他首先被驱逐到佛索利，1944 年被关押在奥斯威辛集中营。

莱维的化学学位和为阅读大学课本所学的一点儿德语使大家认为他是一个有用的实习医师，或许因此他才幸免于难。正如他在《这是不是个人》（Se questo è un uomo）中讲述的那样："我们的脸是空洞的，我们的头发剃得光光的，我们的衣服是令人蒙羞的。"他在一名纳粹军官面前完成"化学考试"后，被招募到 98 号指挥部。这是一个专家部门，也被称为化学指挥部，莱维在营地附近的一家化工厂工作。这是一件非常幸运的事，因为在那里他有机会偷一些可以在集中营的黑市上换取一定食物的东西，正如他在我们本章开篇的段落中所说的那样。1945 年 1 月，集中营被解放，莱维得以幸存。

等规聚丙烯！ moplen

对莱维来说，一个瓶子就足够了。而根据权威
网站的数据，2021 年全球生产了 5 830 亿个塑料瓶，
相当于每月生产 490 亿个、每天生产 16 亿个、每
小时生产 6 700 万个、每分钟生产约 100 万个塑料
瓶。一分钟生产 100 万个塑料瓶，好吧，如果将它们一个接一个地堆
叠在一起，我们就能建造一根从地球直接抵达国际空间站的柱子了。

还有很多为其他目的制造的数量巨大的塑料产品。自 20 世纪 50
年代以来，塑料的累计产量约为 85 亿吨，其中大部分塑料仍存在着。
塑料可以说是人类历史上第一次在全球范围内生产和消费的材料，但
它需要很长时间才能被生物降解，其寿命远超人类。唯一的希望是回
收利用，这是最近才开始的，且被回收利用的塑料数量很少。

自从人类在第二次世界大战后开始工业化生产塑料以来，塑料就
堆积如山：这 85 亿吨塑料中有超过 6 亿吨散落在陆地和海洋上，污
染了我们的星球。据美国权威杂志《国家地理》报道，据估计，海洋
中大约有 52 500 亿个塑料碎片，其中大部分不会漂浮，而是散布在
海洋深处，对环境造成了毁灭性的影响。这是一个我们现在才慢慢意
识到的悲惨而又万分紧迫的局面，但莱维在 1975 年写《元素周期表》
时就预见了这一点。

全世界都喜欢用塑料：它轻便、结实、色彩鲜艳、经久耐用（甚至有些过于耐用了），它成了现代社会和经济繁荣的象征之一。意大利在这种新材料方面是主角。居里奥·纳塔（Giulio Natta）因发现了等规聚丙烯，在 1963 年获得诺贝尔奖。等规聚丙烯这个名字有点儿吓人，听起来很像实验室的老鼠。但以其商业名称来称呼它，并将它与 1996 年去世的著名喜剧演员吉诺·布拉米里（Gino Bramieri）的笑脸联系在一起时，它则给人留下了完全不同的印象。在一则广告中，布拉米里在水桶、漏勺、茶杯和玩具汽车之间低声哼唱："Mo-mo-moplen！"是的，moplen 就是等规聚丙烯，它在 20 世纪 60 年代彻底改变了我们的家庭生活。

在集中营里，最常见的塑料是灵活、轻便且防水性能出色的聚乙烯，它对莱维非常有用。尤其是聚对苯二甲酸乙二酯，其首字母缩写为 PET，是一种热塑性树脂，被广泛应用于食品包装，包括瓶子。这位来自皮埃蒙特的大师用微妙的讽刺将其描述为"有点太不易腐了"。在自然界中，它确实需要数百年才能被生物降解。

不应有的坏名声

与"核"一样，名词"塑料"在今天也声名不佳。将原子核和塑料妖魔化可能会让我们感觉好一点，但这很难找到复杂问题的全球解决方案。核医学是现代医学的一项重要成就，核
能将成为可持续发展清洁能源"篮子"中的必要
元素。同样，塑料的许多用途也提高了人们的生
活质量。想想它在医院的各种应用，比如注射器、
袋子、导管、手术刀，以及它在多大程度上提高
了医疗卫生和医疗保健的有效性。塑料可用于药品和食品的无菌储
存、摩托车和自行车头盔、安全座椅、安全气囊等。它使汽车和其他
交通工具变得更轻，从而可以减少燃料消耗和随之而来的二氧化碳排
放问题。**环境问题不在于塑料，而在于它作为一次性用品的用途与材
料的永恒寿命之间的冲突，这才是真正的矛盾。**塑料本身不是罪魁祸
首，但一次性用品是，例如超市里的水果包装膜、过量生产的矿泉水
水瓶。一些人使用不必要的塑料包装，而不是重复利用塑料。

重复利用塑料是我们的责任，尤其是生活在发达地区的人的责
任。人类每天的行为都会对地球和环境产生影响，有些是有益的，有
些不是。**只有通过更负责任的个人和集体行为及科学利用，我们才能
拯救自己。科学，特别是化学，可以为更清洁的世界和可持续发展做
出巨大贡献。**但首先我们要做的是科学普及，因为个人行为和社区政
策越关注环境和可持续发展，我们知道的信息就越广泛，对问题的认
识就越深，而不像道听途说那样肤浅。当然，还需要科学研究。

理解很重要。例如，让我们来看看描述甲烷燃烧的化学式:

$$CH_4 + 2O_2 \rightarrow CO_2 + 2H_2O$$

这个化学式看上去似乎很难，但如果我们静下心来仔细看，就会发现它揭示了很多信息。这里要先声明的是，燃烧是一种快速的氧化过程，在此过程中，燃料与被称为助燃剂的氧化剂发生反应。氧化过程通常是燃料失去电子，氧化剂得到电子。在自然情况下的燃烧，氧化剂通常是氧气，而燃料可以是天然的或人造来源的气体、液体或固体。储存在燃料中的化学能被转化为热能（与火焰相关的热量），通常也会转化为电磁辐射（光）。

上面的化学式向我们详细地展示了甲烷分子（CH_4）由一个碳原子（C）和 4 个氢原子（H）组成，并告诉我们甲烷的燃烧需要氧气（O_2）。都还记得那个小时候做过的实验吧，当把一个玻璃杯倒扣在燃烧的蜡烛上时，蜡烛会熄灭，因为氧气被消耗光了。此外，在缺氧的情况下燃烧也极为危险，因为可能产生有毒的一氧化碳（CO）。

最后，这个化学式清楚地表明，当甲烷燃烧时，一定会产生二氧化碳（CO_2）和水（H_2O）。这就是问题所在。因为甲烷是化石燃料，就像所有化石燃料（煤、天然气、石油）一样，它含有碳。"化石燃料"的英文 fossil（化石）其实是来源于拉丁语 fossilis 一词，而这个词又源自动词 fodere（挖掘），因为化石燃料可通过挖掘获得。"化石"一词泛指生活在过去时代的植物或动物等有机体被嵌入地壳中的遗骸。当今世界的化石燃料实际上是生活在数亿年前的史前动植物的遗骸。它们死后被一层层的岩石、泥土和沙子掩埋，有时上面还会有水。数百万年来，这些遗骸被分解并形成化石燃料。例如，石油和天然气就是由生活在水中的生物，如藻类和浮游生物的遗骸分解得来的。

任何化石燃料或生物燃料在燃烧时都会产生二氧化碳，并导致碳排放。一个由几个符号组成的简单公式，以一种直接而又无情的方式解释了如果我们不迅速转变能源方向，等待我们的将是什么。而且，请注意，是等待我们人类的将是什么。因为地球会在我们的可耻行径中幸存下来，面临灭绝危险的是我们，切尔诺贝利周围茂密的森林提醒着我们这一点。

正如我们在本章开篇看到的，化学是我们周围世界的一部分，它帮助我们利用地球上的资源来谋求幸福。化学家设计了许多构成我们每天使用的物品的材料，从电子产品到医药，并帮助人类利用地球上的资源。化学能够增强世界的整体可持续性，满足居民的需求，特别是对于生活在贫困地区的居民及其子孙后代。

所谓的绿色化学，或可持续性科学，不仅可以帮助我们清洁地球，而且可以保护地球免于污染。它可以帮助我们了解、监测、保护和改善我们的环境，例如通过工具与技术研发来观察、测量与减少空气和水的污染。对污染物的深入认识也有利于了解其对人类健康的影响，例如健康问题与空气污染之间的关系；同时，研发减少污染物的技术也至关重要。通过对空气污染的精确测量，我们能够监测到提高空气质量的政策是否得到遵守。科学还可以通过研发更清洁的燃料、提高发动机效率、开发新的汽车技术（如氢动力汽车的电池和燃料电池），以及改进汽车尾气污染控制装置等（如吸收器、微粒过滤器以及汽油发动机上的三元催化转化器等），来减少一氧化碳、未燃烧的碳氢化合物和氮氧化物的排放。在不久的将来，或许我们的衣服和建筑物都可以利用氧气和光来净化空气。

身后之名

据说埃菲尔铁塔基座上的那 72 个名字中，有一个差点儿就没能在那里。那就是古斯塔夫·科里奥利（Gustave Coriolis），以他的名字命名的一种重要的物理现象被称为"科里奥利效应"。科里奥利力是一种很明显的力，

可以在相对于旋转参考系（例如地球）运动的物体上观察到。例如，科里奥利力负责大气中气旋和反气旋系统的形成，并在弹道学中非常重要。如果地球不旋转，这种力就会消失。乔万尼·巴蒂斯塔·里奇奥利（Giovanni Battista Riccioli）作为托勒密体系天文学家，曾感知

到了科里奥利力的存在，但因为当时没有相应的测量工具，而且某种程度上他是地心说偏见的受害者，所以最后给出了错误的理论：他的最终结论是基于地球不会移动得出的。就这样，150 年后，科里奥利获得了发现科里奥利力的荣誉和盛名。相比之下，他绘制的第一张月球地图，以及以他的名字命名的一颗小行星和一个未知的月球陨石坑，在科学史上反而显得不那么重要了。

虽然我们如今知道他是对的，但是意大利科学家阿莫迪欧·阿伏伽德罗（Amedeo Avogadro）却没有得到同时代人的理解：他是夸雷格纳塞雷托伯爵，他的朋友、科学家和学生称呼他为阿莫迪欧。阿伏伽德罗于 1776 年出生于都灵，后学习法律，专攻教会法。然而，法典和法令并非其兴趣所在，他在年轻时就已经将兴趣转移到科学上，并迅速获得了将成为现代化学支柱的辉煌成果。特别是，他阐明了今天以他的名字命名的定律——阿伏伽德罗定律，即在相同的温度和压力下，相同体积的不同气体包含相同数量的分子。几年之后，安培也得出了同样的结论。例如，他首先在著作中介绍了"简单分子"和"复合分子"的区别，并提出了复合分子分裂的可能性。正如马尔科·西亚尔迪（Marco Ciardi）在他的《元素的秘密》（*The Secret of the Elements*）一书中指出的那样，阿伏伽德罗的简单分子在当时还不是真正物理存在的实体，而是具有数学性质的抽象实体。所有这些概念在当时都是极具创新性的，尽管这些概念在一系列连贯的解释中调和了其他难以理解的实验证据，却受到了科学界的冷遇。直到 1860

年，也就是阿伏伽德罗逝世 4 年后，由于另一位意大利化学家斯坦尼斯劳·坎尼扎罗（Stanislao Cannizzaro）的贡献，它的重要价值才终于被认可。在后面几十年的时间里，我们确认了简单分子和复合分子就是今天所说的原子和分子。

阿伏伽德罗在生前没能获得的认可得到了补偿，他的名字被用于命名化学中最重要的基本常数——阿伏伽德罗常数，并且如今还用它重新定义了 7 个国际基本单位之一的摩尔。

亿万比百万多多少

处理大数字对人类大脑来说不是一件容易的事，也不实际。也许我们能在脑海中想象十几个人、十几只羊、一百本书，但随着数字的逐渐变大，所有人都会开始迟疑。百万富翁和亿万富翁的定义就是一个例子。当然，我们每个人都宁愿成为亿万富翁而不是百万富翁，因为数十亿比数百万要多。但到底多多少呢？真的有这么大的区别吗？直觉上很难说，毕竟我们大部分人都没有成为百万富翁或亿万富翁的经验。事实上，根据波士顿咨询公司在意大利的一项调查可知，意大利可投资资产超过百万美元的人约有 40 万人，约占成年人口的 1%。但是，如果我们把 100 万和 10 亿转化成我们能更直接体验的东西，比如时间，那么情况就变了。比如 100 万秒，大约是 11 天半，相当于一个圣诞节假期；而 10 亿秒相当于 32 年，相当于人生中重要的一部分。现在，我们就可以很清楚地看到差异了。

巨大的数字也常常不具有操作性。假设印刷厂需要印制 1 万份 A4 纸大小的传单，而印刷前工人须去仓库查看纸张库存，如果一张一张地去数，那将是一项繁重的工作。但如果用"令"去数（一令为 500 张纸），那就要容易得多。如果架子上刚好有 20 令，那这项工作眨眼之间就能完成。如果不够，那就需要再订购。同样的逻辑也适用于水果：我们按照个数购买西瓜，但按照质量购买樱桃，没有人会说自己想买 100 个樱桃。但是只要我们稍微盘算下，就能算出质量约 800 克的樱桃差不多有 100 颗。如果我们邀请 6 位客人一起吃晚餐，那 100 颗樱桃就差不多够了，但是如果只是我们自己吃，那就有点儿太多了。

当我们研究微观世界的时候，或者当我们像物理学家和化学家一样深入物质内部时，也会发生类似的事情。比如水分子的化学符号是 H_2O，也就是说，它由两个氢原子和一个氧原子组成。根据化学家的公式，要想生产水，必须使氢和氧以正确的比例发生反应：

$$2H_2 + O_2 \rightarrow 2H_2O$$

把化学语言翻译成日常用语，这个化学式是这样的：两个氢分子

与一个氧分子结合产生两个水分子。反应时必须遵守这个比例，因为
氧分子有两个原子，而水分子只需要一个氧原子。现在假设我们是一
个想用氧气和氢气生产一定量水的人。如果我们想在家里做鸡蛋面，
每 100 克面粉里放 1 个鸡蛋就行了，计数和称重都相对容易。但是对
原子和分子怎么称重呢？它们是微观物体，一个氢原子不到 1 米的十
亿分之一大，实际上是不可见的。当然不可能通过直接观察来计算它
们。我们必须设法将计量单位缩小到更易于管理的程度。于是出现了
摩尔，实际上这也是一种"令"……

为了测量微观基本粒子（原子或分子）的数量，需使用被称为
"物质的量"的物理量。物质的量是国际单位制的 7 个基本物理量之
一。它是化学的基本量，计量给定量的物质中存在多少原子或分子，
例如一升水中存在多少个分子。它的计量单位是摩尔，这里又出现了
阿伏伽德罗。

正如确定 1 令为 500 张纸一样，1 摩尔中包含的微观物质的数量
为 602 214 076 000 000 000 000 000。这是一个对科学非常重要的数
字，一个以阿伏伽德罗的名字命名的基本常数，以表彰他对现代化学
建设的重大贡献。阿伏伽德罗常数源于一场深刻的科学辩论，并随着
化学的发展而逐渐精确，直到 2019 年的国际单位制革命，它被确定
为定义摩尔的基本常数。在 2019 年之前，当时摩尔的定义不仅烦琐
且取决于千克。

摩尔使物质更易于管理。就质量而言，它是宏观的。1 摩尔氧分子为 16 克，1 摩尔氢分子为 2 克，1 摩尔水分子为 18 克。这些数字比以千克表示单个氢分子的质量更合理，因为单个氢分子的质量是一个小数点后有 26 个零的数字。因此，摩尔将不可见的微观世界与可见的宏观世界联系了起来，就像印刷工的"令"一样，摩尔为化学家的工作提供了许多方便。**多亏了摩尔，物质的量和它的质量（以千克或克为单位）之间可以很容易地建立联系。而阿伏伽德罗常数就是一个转换因子、一种桥梁，它将原子或分子的"可怕"数字转换成更容易被人接受的物质的量。**

活力、希望与自由

1943 年 11 月 9 日，帕多瓦大学的第 722 个学年的开学之日，意大利正在经历其近代史上的至暗时期。就在两个月前的 9 月 8 日，墨索里尼从坎波因佩拉托雷被解救出去，不日便宣布成立了意大利社会共和国。帕多瓦大学新上任的校长康塞托·马尔切西（Concetto Marchesi）是著名的拉丁语学者，是一名共产主义者，也是一名积极的反法西斯主义者。马尔切西于 9 月初由巴多格里奥政府任命就职，接替了法西斯政权选中的前任。他的目标极为明确，并于 9 月 10 日接受《信使》（*Messaggero*）采访时

对自己的目标进行了总结。其结尾是这样说的："新的活力必须在意大利大学里立即开始跳动。我打算立即鼓励建立免费的大学学习馆，在那里学生们能讨论和体验什么是自由，人们愿意接受或拒绝什么样的经济和政治学说，究竟什么是祖国和人民的最高利益。这是必须立即渗透到意大利大学的空气中，必须立即让大学青年呼吸到的新气息。"

然而，局势迅速恶化，意大利北部被在意大利社会共和国重生的法西斯主义摧毁。马尔切西递交了辞呈，但意大利社会共和国并不接受他的辞呈。马尔切西的学术声望非常高，意大利北部最著名的大学甚至愿意接受这位共产主义学者做校长，与其说这极为罕见，不如说这非常独特。于是，11 月 9 日的就职典礼反而成了反对该政权的一次政治行动。正如新闻报道所述，在拥挤的大厅里，少数穿着共和党制服的学生激动不已，他们因就职典礼提升了对墨索里尼的信任和对意大利社会共和国的忠诚度。马尔切西本人则试图将他们赶走，并发表了一篇可载入史册的演讲。

"取而代之的是一些新的或不寻常的东西，"马尔切西说，"就像巨大的痛苦和巨大的希望，我们聚集在这里，与其说是在听一个人转瞬即逝的话语，倒不如说是在倾听这所光荣的大学古老的声音，今天它向它的老师和学生发出呼吁：在场的老师和学生要为远方的人、为迷途的人、为倒下的人提供答案。因此，今天，在我们中间举行这个仪式，让惩罚变得神圣，让希望成为现实。"校长接着说："大学无疑是青年智力的最佳训练场, 在这里, 灵感或舒缓或汹涌地出现, 灵魂更专注于理解或认识什么是个人存在的基本真理。我们老师有责任向这些年轻人没有任何限制、没有任何保留地展示全部, 他们不仅会问我们某个学科的目标和进程是什么, 而且会向我们请教在人类历史这条浩瀚、无垠和神秘的道路上发生了什么。"

最后, 他以发自内心的呼吁结束了演讲:"先生们, 在这些痛苦的时刻, 在一场无情战争的废墟中, 我们的大学又开始了新的学年。年轻人啊, 我们谁都不缺乏救赎的精神, 当它存在的时候, 一切被严重破坏的东西都将重新恢复, 一切正义的希望都将实现。年轻人, 相信意大利, 如果你相信这份坚持和勇气; 相信意大利, 它必须为世界的欢乐和尊严而活; 相信意大利, 在人民的文明未被蒙蔽的情况下, 它不可能沦为奴隶。在今天, 1943 年 11 月 9 日, 我以意大利工人、艺术家和科学家的名义, 宣布帕多瓦大学成立 722 周年。"

这篇关于自由和反对给人类文明带来黑暗的法西斯主义的充满激情的演讲预示着一个转折点。几个星期后, 马尔切西不得不离开家, 躲到帕多瓦的朋友家避难, 然后又去了米兰。接着他又不得不从那里逃到瑞士, 并一直在瑞士待到战争结束, 其间还与抵抗运动保持着密切联系。维尼托的埃吉迪奥·梅内盖蒂 (Egidio Meneghetti) 也是一位杰出人物, 他是医学和药理学教授, 也是帕多瓦的副校长, 直到 1943 年, 他都与马尔切西一起工作。作为一位杰出的科学家, 他为医学做出了重大贡献。从 1943 年起，梅内盖蒂积极参加抵抗运动，并于 1945 年被捕且遭受酷刑，后被转移到博尔扎诺集中营。他之所以能获救，只是因为在战争的最后几个月，意大利北部和德国之间的铁路线因猛烈轰炸而中断了。

一个多世纪前，阿伏伽德罗在都灵大学担任物理学教授，致力于科学的数学原理研究。1820—1821 年，他与震撼欧洲的革命运动的主要参与者关系密切，并在皮埃蒙特的学术界和学生中引起了共鸣。这就是卡洛·费利切国王（Carlo Felice）在 1822 年取消了一些教席的原因，其中也包含阿伏伽德罗的职位。事实上，大学"很高兴让这位有趣的科学家从繁重的教学任务中休息一下，以便更好地专注于他的研究"。

阿伏伽德罗没有改变自己的立场，同纳粹法西斯主义时期的马尔切西、梅内盖蒂、施特拉斯曼、西尔维奥·特伦丁（Silvio Trentin），以及许多其他人一样——这个名单可能真的很长。**无论是过去还是现在，人文主义者、科学家、医生的那种在研究中与生俱来的批判性思维也是他们对社会的衡量标准。**

帕多瓦大学于 2022 年迎来了 800 岁生日，其校训是"为帕多瓦、全人类及全宇宙的自由而奋斗"。**让大学、知识与教育场所永远成为自由、接纳和宽容的灯塔是大家的普遍愿望。**

丈量
世界的
历史

Le 7 misure
del mondo

▶ **量子之数**

1. 当化学在欧洲诞生时，元素周期表实际上是 17—19
   世纪人类思想的一种崇高建构。尽管早期化学是炼金
   术的产物，但经过对几个世纪积累的知识进行分类和
   系统化，再加上实际方法的应用，它很快就摆脱了过
   去的光环，成为一门现代科学，一门为原子物理学的
   发展奠定基石的科学。

2. 环境问题不在于塑料，而在于我们用它制成的一次性
   用品与材料的永恒寿命之间的冲突，这才是真正的矛
   盾。塑料本身不是罪魁祸首，但一次性用品是。

3. 科里奥利力是一种很明显的力，可以在像地球这样的
   相对于旋转参考系运动的物体上观察到。如果地球不
   旋转，这种力就会消失。

4. 物质的量是国际单位制的 7 个基本物理量之一，它是
   化学的基本量，计量给定的物质中存在多少原子或分
   子，它的计量单位是摩尔。

5. 摩尔使物质的量和它的质量之间可以很容易地建立联
   系。而阿伏伽德罗常数就是一个转换因子、一种桥梁，
   它将原子或分子的"可怕"数字转换成更容易被人接
   受的物质的量。

第 7 章

光之使者：
与人类联系最为密切的
计量单位

La candela

Le 7 misure del mondo

英格豪斯的疫苗

1626 年，贾斯特斯·苏斯特曼（Justus Sustermans）绘制的费迪南多二世·德·美第奇（Ferdinand Ⅱ de' Medici）肖像画被保存在佛罗伦萨皮蒂宫的帕拉蒂娜美术馆。比起乌菲齐美术馆的藏品，这是帕拉蒂娜美术馆中最不具"波提切利风格"的面孔，这也是帕拉蒂娜美术馆自己的说法。一看到这幅画作，你便会立即明白美术馆为什么这么说。苏斯特曼是著名的肖像画家、宫廷画家，也是两幅最著名的伽利略肖像画的作者（画像也保存在佛罗伦萨），他把时年 16 岁患上天花第九天的费迪南多二世留在了画布上。这位年轻贵族的脸上布满了水疱——这是天花的典型症状，同时还伴随着高温。水疱还会出现在躯干上，并使咽喉吞咽困难，使其无法进食，其结果往往是致命的。那些侥幸生还的人脸上也会留下深深的伴随终生的疤痕。

这幅画像可能影响了托斯卡纳大公彼得·利奥波德（Pietro Leopoldo），使其成为一个支持"启蒙运动先驱"的人。1786 年，大公委托荷兰科学家简·英格豪斯（Jan Ingenhousz）先后在自己及他的孩子身上进行了天花免疫的开创性技术实验，而当时英格豪斯本人已对实践过的所谓疫苗接种相当娴熟。这项技术需用一根沾有天花患者水疱中液体的针，医生在受试者皮肤上做一个表面切口，然后用针接触该切口。出生于 1730 年的英格豪斯在英格兰成功地对数百人进行了实验。由于他声名在外，随后他被奥地利的玛丽亚·特蕾莎皇后召去为她和家人接种疫苗。天花是一种非常可怕的疾病，仅在 18 世纪，欧洲就有 6 000 万人死于天花。伏尔泰在 1733 年出版的一本随笔集《哲学通信》中谈到了天花在当时的发病率约为 60%，死亡率高达 20%，并希望疫苗可以像在英国一样在法国扎根。

几十年后，爱德华·詹纳（Edward Jenner）研制出了第一种针对天花的疫苗，这也是世界上第一种高效疫苗。詹纳发现，接触过牛痘脓液的农民通常会对这种袭击人类的病毒产生免疫力，或者至少表现出更良性的症状。牛痘是一种奶牛容易感染的疾病，它会引起类似于人类天花的脓疱。所以詹纳决定不再接种人类病毒——这是当时的通常做法, 显然有较高风险, 而是转而接种牛痘, 该技术也由此得名。最早的天花疫苗接种可以追溯到大约 3 000 年前的埃及木乃伊。而因天花疫苗的接种, 现在天花已在全球范围内被彻底根除。

在伏尔泰说完这些话后的两百年后的今天, 仍然有人不相信疫苗。真不是每个人都能从历史中汲取教训的。

糖和氧

科学史对简·英格豪斯并不友好。没有多少人知道他, 尽管一些宣传使他有了一些名气。比如谷歌在 2017 年 12 月 8 日, 也就是在他诞辰 287 年那天, 为他修改了网站 Logo 的涂鸦。但英格豪斯在大众的集体记忆中理应占有重要地位, 正是他对发现植物的光合作用做出了重大贡献。

1774 年, 约瑟夫·普里斯特利 (Joseph Priestley) 进行的一些实验证明了植物是如何重新产生被蜡烛消耗掉的氧气的, 他在一个小玻璃罩内放上蜡烛, 直至其熄灭。而英格豪斯的功劳在于他认识到光与植物之间的作用: 叶子在阳光下会产生氧气, 而在黑暗中会产生二氧化碳。他在 1779 年发表的研究成果极大地影响了随后几个世纪对植物生命的进一步研究。

今天我们知道绿色植物、水藻和蓝藻利用阳光、水和二氧化碳制造氧气并以糖分子的形式储存能量，即将光能转化为化学能。**光合作用对地球上的生命来说是一个举足轻重的过程，因为它能够收集和转化大量的太阳能。**大部分植物依赖光合作用产生复杂的有机分子以作为能量来源。光合作用过程中产生的糖是光合细胞产生更复杂分子（如葡萄糖）的基础。可以这么说，地球上的光合作用平均功率约为 100 万亿瓦，相当于人类活动所需总能量的 5～6 倍。

除了能量转换，光合作用另一个对生命至关重要的作用是将氧气释放到地球大气中。大部分光合生物都会产生氧气这个副产品，而光合作用的出现永远改变了地球上的生活。光合生物还可以去除大气中的二氧化碳，并利用碳原子制造有机分子。

碧水阳光

使地球上的生命成为可能的奇妙巧合之一还有太阳与水之间惊人的相互作用。这两个属性完全不同且物理上独立的实体实际上紧密相连。

太阳，地球的专属恒星，是一
个天然的核反应堆。由于核聚变，
大量的核能被转化为其他形式的能
量，其中一部分，如电磁辐射，到
达地球。太阳每秒燃烧 6 亿吨氢，
并向大气层最外层辐射大约每平方
米 1 360 瓦的能量，这个数字被称
为太阳常数。这是一个巨大的数
字。可以想象一下，1 平方米也就
是厨房里餐桌的面积大小，如果我

们能够捕获并再利用大气层外 1 平方米面积 1 小时内到达的太阳能，
就可以让冰箱运行一整天。

考虑到地球的球形形状，以及每一时刻只有部分表面暴露在阳光
下，地球平均每平方米可接收约 340 瓦的能量。这些能量能进入一种
微妙的平衡，水是这个平衡中重要的参与者（事实上，水蒸气也是温
室效应的主要因素之一）。这一自然过程确保了地球没有成为宇宙中
的一个寒冷球体，而是无数生命形式的摇篮，但今天它却受到人类的
巨大影响。

地球表面的平均温度为 14℃，并通过太阳辐射维持在这一水平。
太阳辐射中有 1/3 被地球反射，2/3 被吸收，被吸收的部分又以不同形式的电磁辐射被再次反射。地球辐射的电磁能频率不同于那些最初构成太阳辐射的电磁能频率，其主要存在于红外波段。这是一个不小的区别，因为红外辐射可以被大气吸收并被辐射回地球。这种效应增强了太阳加热效应，也就是所谓的温室效应。可如今，它却有着负面的名声，但其实它对地球上的生命来说是不可或缺的：如果没有温室效应，地球平均温度将从今天的约 14℃ 下降到-18℃——地球将变成一个冰球。

温室效应主要是由大气中存在的少数气体引起的。最常见的气体，如氮气和氧气，分别占大气的 78% 和 21%，但它们产生的温室效应可以忽略不计。**产生温室效应的真正主角是水，或者更确切地说是水蒸气，其在大气中的平均浓度约为 1%。同样重要的还有二氧化碳和甲烷，尽管它们的浓度要低得多。**二氧化碳在大气中约占 0.04%，甲烷的含量更少。尽管二氧化碳的浓度很低，但它作为调节剂发挥着至关重要的作用：事实上，它的变化会改变大气的温度，进而改变大气中水蒸气的含量，而这对温室效应有显著影响。正如我们所见，这是一种微妙的平衡，变化虽小，影响却大。人类行为导致大气中二氧化碳浓度的持续上升，这使地球处于危险之中。

不光是在大气中，太阳与水之间的相互作用也发生在海洋中。在太阳发出的电磁辐射中，有一部分是人眼可以感知的波长。通常，我们认为阳光是白色或黄色的，但实际上它是由多种颜色混合而成的。

这就是所谓的可见光谱，其波长在 400 ～ 700 纳米。每个波长范围大致对应一种颜色。[1] 例如，在彩虹现象中会出现单个颜色。有一个独特的事实是水偏爱可见光，实际上水是一种极好的电磁辐射吸收体。这种现象有许多实际例子，比如使用微波炉烹饪，其原理就是食物中所含的水分子吸收了特定波长的电磁波。更技术性的例子是人们难以在潜艇上或裂变发电厂乏燃料储存池附近进行无线电通信，因为水是一种极好的吸收体，对高能辐射也是如此。

可见光非常独特。可见光的波长 400 ～ 700 纳米是一个非常狭窄的范围，它十亿分之一米的范围与几十米长的整个光谱相比显然是微不足道的。但水可以传输可见光。可见光光谱也是太阳辐射最强的范围，人和动物的眼睛对它非常敏感。**可见光可以在光合作用中被绿色植物和藻类吸收。水对频率略高于可见光的紫外线的吸收能力显著增强，从而增强了我们对紫外线的防护能力。**

水的透明度是海洋生态学的一个关键因素。多亏了光，海洋动物才能看到它们的猎物。太阳也是所有生物现象的基本能量来源，通过光的渗透，海洋中的藻类和浮游生物也可以进行光合作用，为海洋动物提供食物，尤为重要的是为地球提供氧气。我们的每一次呼吸，都必须感谢海洋。据估计，大气中至少有一半的氧气来自海洋——这是

---

[1] 从技术上讲，这种说法并不完全准确，因为太阳光谱是连续的，所以无法在颜色之间做出精确的划分。

藻类和浮游生物光合作用的结果。这一过程早在陆生植物出现之前很久就已经有了，最古老的陆生植物化石记录可以追溯到大约 4.7 亿年前。而蓝藻和藻类化石可以追溯到大约 35 亿年前。

可被水吸收的可见光光谱和太阳辐射的峰值在物理上显然是独立的现象，但对于地球上的生命来说，幸好它们重合了。

蜡烛与坎德拉

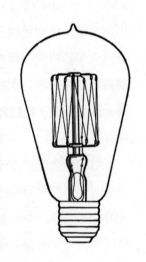

单单从我们生命的开始和结束由"看到光明"和"永闭双眼"这两个形式来看，光和视觉对人类生命的重要性就不言而喻。**视觉也许是人类最强大的感官，而光也是无所不在的象征，是人类对洞察力、智慧与真理的古老隐喻之一。**在国际单位制中，光的计量单位，或者更准确地说是发光强度的计量单位，与人类的联系最为密切。这毫不奇怪，并且直到今天，在我们的高科技世界中，它仍以最古老的照明工具的名字命名，即坎德拉（candela，意大利语，蜡烛）。

坎德拉是国际单位制中的第七个，也是最后一个基本单位。它用来测量发光强度。如果我们想使用术语的话，它是光源在给定方向上每单位立体角发出的功率。客观地说，这个定义有点深奥，但没有必要详细说明。重要的是，坎德拉是光度测量的基本单位，光度测量是测量人类视觉系统感知到的光的科学。坎德拉并不代表一个物体所发出的光的总和，光的总和用光通量来描述。它有自己的单位，即流明，但坎德拉这个单位会出现在灯泡的外包装上，所以今天很多人都知道它。事实上，灯泡的性能不是用坎德拉来衡量，而是用流明来衡量的，它表示灯泡在各个方向上总共发出多少光。流明能明确地告诉我们一个灯泡将会如何照亮其所在的环境。

坎德拉是直接观察光源亮度的一种计量方法。为了从数学上描述光在三维空间辐射的概念，我们使用了立体角这个概念，它在某种程度上是平面角的三维延伸。我们拿一个蛋糕，把它分成 6 块，每块蛋糕顶部都有一个 60°的角。现在让我们想象一个球：立体角是球体的一部分，为圆锥形，其顶点位于球的中心，以球面度为单位。流明适用于所有辐射，坎德拉只适用于人能看到的辐射。此外，坎德拉也不适用于其他类型的电磁辐射，如 X 射线、微波、无线电波等，这些则使用瓦特来计量。**因此，坎德拉是一种非常特殊且以人为中心的单位：它测量我们的眼睛能感知到的可见光，它直接来自我们能看到的光源，尤其是最终进入我们眼睛的那部分。**

数千年来，火一直是我们唯一的光源。事实上，直到 1875 年，

17 个国家在巴黎签署《米制公约》时，情况也依旧是这样。1878 年，约瑟夫·威尔逊·斯旺（Joseph Wilson Swan）申请了碳丝白炽灯泡的专利，电灯泡的发展才开始萌芽。与此同时，美国的托马斯·爱迪生也正着手这项研究。3 年后的 1881 年，伦敦的萨沃伊剧院成为第一个使用白炽灯泡的公共建筑。不过，电力照明的大规模普及还需要几十年时间。

转折点在 1948 年。在此之前，人们使用各种标准来测量发光强度，通常是以具有明确位置和形状的蜡烛火焰亮度作为参考，或者以具有某些既定属性的白炽灯灯丝的亮度为基础。但各种标准并不统一，正如其他基本单位那样，光度学的知识和应用的进步需要集中在一个更稳定、更普适的光计量单位上。因此，1948 年，科学家决定将黑体热辐射作为发光强度的参考，我们在专门讨论千克的章节中讨论过这一点。这是一种特征已众所周知的辐射，可以由高温金属产生，因此产生过程可以重复。最终铂被选为辐射材料，其在大气压下的熔点为 1 768℃。

就像定义米的金属棒或千克样品一样，我们在坎德拉上同样遇到一件不太容易复制的人工制品——那块炽热的铂。1979 年，随着光源和光探测器的日益精密，人们决定将定义从人工制品中解放出来，而采用一种新的定义。我先把这个新的定义写下来，它看起来会很神秘，但我很快就会解释它。这个定义是这样的："坎德拉（用符号 cd

表示）是一个发射频率为 540 万亿赫兹的单色辐射源在给定方向上的辐射强度为 1/683 瓦特 / 球面度的发光强度。"

这确实有点难以理解。让我们试着梳理一下。首先，我们从"发射频率为 540 万亿赫兹的单色辐射源"开始。这是一种绿色光源，因为频率为 540 万亿赫兹的电磁波就是绿色调的。这个颜色的选择绝非偶然，在日光下，即在明视觉下，人眼对这种绿色调的敏感度最高。683，这个数字似乎有些神奇；说实话，也确实有那么一点儿。之所以选择它，是因为绿色参考光源的发光强度刚好与真实蜡烛的发光强度一致。因此，"新烛光"与历史上的坎德拉是一致的。

基本单位向建立在普适常数基础上的国际单位制的过渡过程，对坎德拉的定义影响不大。上述绿色光源的发光效率被选为参考常数，并被设置为 K_{cd} = 683 坎德拉 /（球面度·瓦）。这里的瓦是一个导出单位，通过基本单位米、秒和千克，以及它们各自相关的基本常数来定义。

与其他基本常数不同，比如宇宙中普适的真空中的光速 c 或电子电荷 e，K_{cd} 是一个受限于人的常数。外星人得出 c 和 e 的值可能毫无问题，但如果他们有一个不同于我们的视觉系统，则可能会认为 K_{cd} 的值是非常武断的。它只是为了人类的方便而被选择的。

不仅有疫苗

相信科学，除了能给个人带来好处，还有助于人们成为积极的公民和开明的立法者。彼得·利奥波德大公不仅进行疫苗推广，而且还是刑事法规的革新者。1786年11月30日，他制定并出版了融合法律启蒙和切萨雷·贝卡利亚

（Cesare Beccaria）思想的《利奥波德法典》，并对托斯卡纳大公国的刑罚立法进行了重大改革，使其成为世界上第一个废除死刑制度的国家。大公本人在《利奥波德法典》序言中写道："怀着慈父之心，我们终于认识到，减轻刑罚与最严格的警惕相结合才能防止犯罪行为，再通过司法程序的迅速执行，以及处罚真正的违法者，而不是增加犯罪者的数量，这样反而大大减少了最常见的犯罪，并使暴行发生概率更小。"听起来像现在吗？

**丈量
世界的
历史**

Le 7 misure
del mondo

▶ **光之使者**

1. 光合作用对地球上的生命来说是一个举足轻重的过程，因为它能够收集和转化大量的太阳能。除了能量转换，光合作用另一个对生命至关重要的作用是将氧气释放到地球大气中。光合作用还可以去除大气中的二氧化碳，并利用碳原子制造有机分子。

2. 红外辐射可以被大气吸收并被重新发射到地球，这种效应增强了太阳加热效应，也就是所谓的温室效应。可如今，它却有着负面的名声，但其实它对地球上的生命来说是不可或缺的。如果没有温室效应，地球将会变成一个冰球。

3. 视觉也许是人类最强大的感官，而光也是无所不在的象征，是人类对洞察力、智慧与真理的古老隐喻之一。

4. 坎德拉是一种非常特殊且以人为中心的单位：它测量我们的眼睛所能感知到的可见光，它直接来自我们能看到的光源，尤其是最终进入我们眼睛的那部分。

不再依赖人类的计量学

我们已经到达了《丈量世界的 7 种方式》这次探索旅程的终点。

国际单位制是了解自然、世界和我们自己的一个强大而通用的工具。**经过数十年的努力，计量学终于形成了不再依赖人类，而仅取决于自然不变特性的计量体系。**荒谬地设想一下，如果人类连同其制造的所有计量仪器，如尺、秤、钟等一起从地球上消失了，外星人来到地球定居，他们完全可以重建我们的计量体系

（坎德拉除外），因为光速或普朗克常量永远不会改变。但计量体系依旧是一种工具，因为其主要附加值在于用户的掌握程度。就像我们把一把凿子放在桌子上，它就仅是个铁块而已，但在米开朗琪罗的手中就变成了将《圣母怜子像》从大理石中雕刻出来的工具。同样，一组光与电的计量单位可以是一系列枯燥无味的数字，但经爱因斯坦光电效应分析、阐释后，可以成为量子力学的实验基础之一。

计量对于人类的生活、福祉和知识的进步至关重要，但必须妥善执行并使用得当。现在我们已经揭开了计量体系知识建构的美妙之处，但我们必须记住要合理使用它，尤其是当它被用于集体决策时。**例如，用一组不完整的测量数据来描述或理解一个事件或一个系统时，将会面临忽视事物复杂性或许多有价值的方面的风险。将测量过程限于描述某种现象的数量，计量单位则可能会由客观的衡量工具变为歪曲事实的工具。**正如我们在本书开篇讲述的故事——CT 扫描的划时代飞跃，正是在于用不同角度的大量观察取代了传统 X 线片的单一视角。

例如，如果我们想要监测电动汽车带来的环境质量变化，仅仅局限于测量每辆汽车的二氧化碳排放量是不够的，还需要评估驱动这些汽车的电力来自哪里，以及在生产制造这些电力的各环节中释放了多少二氧化碳——也许生产电力的地方距我们使用电力的地方很远。但如果我们只强调电动汽车所在地区的清洁空气，并认为这样就解决了这个问题，却忘记了电力主要来自化石燃料，那我们只不过是换了个地方继续污染罢了。

　　如果我们仅通过治疗患者的数量来衡量卫生系统的成功，而不考虑是否在服务质量上投入了足够的资源，不考虑关注的重点是利润还是患者，我们就有可能做出错误或有失公允的选择。如果我们更多地根据论文的数量而非质量和潜力来评价科学，那么科学研究就没有未来。如果我们只是通过预先建立的冷漠的绩效评估系统来评估员工，而不重视他们的潜力和抱负，我们就失去了人性的一部分。顺便说一下，这反而会使他们的工作效率降低。**如果我们放弃复杂性，仅仅通过排名、框架、类别来简化所有评估，我们就会将自己简化为不完整的衡量标准，而这些标准将导致过度简化的选择，无法为我们建立一个有价值的未来。**

　　计量是一种宝贵的手段，但必须通过科学及对方法的阐释来支撑它。计量是理解科学的基本要素，科学实际上已经阐述了计量过程并使其具有普遍性，以便大众可以随时共享和验证其结果，并让其成为所有理论的基础。分析和选择待测量的量是实验的一个基本方面，其目的是尽可能广泛地描述所研究的系统，并获得尽可能多的观点：无论这些观点是真实的，还是想象的。而对实验结果的讨论要严谨，尤其要注意可再现性的结论。

　　科学不是可靠的自动售货机，每个人都可以从中得到他们需要的东西；相反，科学发现是怀疑和错误的结果，研究人员不应该对此感到羞耻，因为怀疑和错误是一种强大的认知工具，科学因它们更人性化。事实上，和研究一样，错误和怀疑对生活也同样重要。贾尼·罗大里（Gianni Rodari）在他 1964 年出版的《错误之书》（*Il libro degli errori*）

的序言中说道："错误是必要的，不仅如同面包一样有用，而且往往也是美丽的，例如比萨斜塔。"

科学史也教给了我们这一道理，像开尔文、爱因斯坦和费米这样伟大的科学家都犯过错误。开尔文对地球年龄的估计是错误的。费米认为他发现了超铀元素，却没有意识到他正在观察原子核的裂变。爱因斯坦引入了宇宙常数，使他错误地认为相对论与静态的宇宙相容。但他们最终都取得了丰硕的成果。开尔文的工作虽然是错误的结果，但他成功地将地球年龄的研究转变为一门新的科学，并在很短的时间内就获得了 45 亿年的正确结论。费米关于超铀元素的推测结论，促使莉泽·迈特纳、奥托·哈恩和弗里茨·施特拉斯曼发现了铀裂变。哈恩本人承认，如果不是费米，他们永远不会对铀感兴趣。宇宙常数实际上是一个绝妙的直觉，尽管当时的假设是错误的，但几十年后，它又被天体物理学家重新发现，用于解释宇宙以非恒定速度膨胀的事实。

这些错误，正如科学史上的许多其他错误一样，都具有正面效应，正是这些错误激发了科学思维的转折。**科学获得的每一项成就，所做的每一项测量，并不会使科学停止；相反，会有人提出更多的问题。发现的热情转瞬即逝，而怀疑将伴随科学家的一生。**用诺贝尔奖得主理查德·费曼的话来说："这不应令人惧怕，而应该作为一个宝贵的机会受到欢迎。"对科学来说，怀疑意味着从敬畏的恐惧和权威的原则中解脱出来，因为科学是民主的，是真正值得的，只要双方都能承担科研的艰辛与美妙。这种自由使我们能够开辟新的道路，衡量未被探索的领域，并获得革命性和颠覆性的未来。这种工作方法也可以推广于科学之外，它使我们能够不拘泥于纯粹的财务和经济角度来看待进步。

撇开政治和学术交流，以及有时来自学术界的命令式的、过于简单化的叙述不谈，科学与社会之间的同盟有助于我们周遭客观而颇具复杂性的世界变得易于理解与管理。放弃一个强行连贯的叙事（无论是平庸的，还是深奥的）意味着双方都走上了一条更狭窄、更陡峭的道路，但这条道路上的内容和价值可以有更高的意义。

在选择计量世界的工具时，人类选择依赖自然。但现在人类依靠大家的智慧，使这些工具能够重塑与自然本身的关系，使其成为真正具有集体和普遍意义的新标准。

　　我意识到还没有提供一个详尽的参考书目，这个主题确实极其广泛，我建议可以深入阅读以下材料。

　　物理学是一门以实验为基础的科学，因此也是以计量为基础的科学。如果你想像物理学家那样深入了解计量工具，《费曼物理学讲义》（*The Feynman Lectures on Physics*）是最好的物理学教材之一。该教材是大学级别的，但其中大部分内容对非专业人士来说也清晰易懂。《费曼的 6 堂简单物理课》（*Six Easy Pieces*）同样值得一读，它更大众化。格里菲斯的《二十世纪物理学革命》（*Revolutions in Twentieth-*

Century Physics）和《量子力学导论》，虽说是两本专业著作，但内容非常清晰、易理解。

有关计量发展历史的《平衡中的世界》，由罗伯特·克雷斯撰写，这本书读起来会比较轻松、愉悦。还有一本有关温度概念历史的非常有趣的书是《热计量与温度概念的发展》（*The Development of Thermometry and the Temperature Concept*）。

互联网也有大量针对计量单位的深入研究。在众多的网站中，我推荐意大利国家计量研究所（都灵）、美国国家标准与技术研究所，以及新西兰计量标准实验室网站。新西兰计量标准实验室的网站上有一张有趣的交互式地图，通过该地图，我们可以看到计量在我们的日常生活中是多么普遍。

亚历山德罗·马尔佐·马格诺的《货币的发明》详细说明了质量计量单位与货币名称之间的联系。亚历山德罗·德·安吉利斯（Alessandro De Angelis）的《我生命中最美好的 18 年》（*I diciotto anni migliori della mia vita*）是一本令人陶醉的计量历史小说，它讲述了伽利略在帕多瓦的岁月，毕竟科学方法之父与计量单位有着千丝万缕的联系。而同样由安吉利斯撰写的《伽利略为现代读者所作的论述与论证》（*Discorsi e dimostrazioni di Galileo Galilei per il lettore moderno*）让我们能够更加接近这位科学方法之父。

　　马尔科·西亚尔迪的《元素的秘密》重构了元素周期表的发明者与该发明的历史，而文森佐·巴隆（Vincenzo Barone）所著的《*E=mc²，最著名的公式*》（*E=mc², La formula più famosa*）是一篇关于物理学中最著名公式的轻巧短文。

　　最后，依我浅见，我们的书架上应该有《错误之书》和普里莫·莱维的《元素周期表》这两本书。

在本书中，我们遇到了一些巨大的数字，比如阿伏伽德罗常数，或以千米表示的比邻星与地球之间的距离。但它们根本无法表达我对在这段旅程中帮助过我的众多亲朋的感激之情。

首先请允许我感谢亚历山德罗·马尔佐·马格诺，他是位历史学家，也是位优秀的作家和我终生的朋友。如果没有他，这本书就不可能存在。多亏了他，我得以与拉特扎出版社会面，也是他鼓励我尝试一个新项目，重新开始写书。他仔细阅读了我的手稿，并在许多方面都提出了宝贵的建议，而且他自己也是这方面的专家。

我也向很多人征求了意见，他们都慷慨地给予我帮助。

吉奥瓦尼·布塞托（Giovanni Busetto）、伽利略的普及者和学者亚历山德罗·德·安吉利斯、帕多瓦大学物理与天文学系的同事莱昂纳多·朱迪科蒂（Leonardo Giudicotti），他们都仔细阅读了手稿，并给了我非常有益的建议。

在写作的那几个月里，我有幸遇到了我们大学的普通无机化学教授毛罗·桑比（Mauro Sambi）。我对于他对摩尔这一章节细致入微的核实深表感谢，他不仅纠正了我的错误，最重要的是，他慷慨地与我分享他的经验与思考。

位于都灵的意大利国家计量研究所中的物理学家马可·皮萨尼（Marco Pisani）等学科专家的修订，对本书各个步骤的完善至关重要。

另外，感谢大师费德里科·玛丽亚·萨尔德利（Federico Maria Sardelli）审查并纠正了我极不擅长的音乐内容，他对有关音乐时代及作曲家和表演者之间关系的内容做了通俗易懂的解释。

我还要感谢玛丽娜·桑蒂（Marina Santi），她在此期间提醒我，生活中并不是一切都可以衡量，也不是一切都必须衡量；感谢亚历山德拉·维奥拉（Alessandra Viola）提供的有益建议；感谢莉亚·迪·特拉帕尼（Lia Di Trapani）和拉特扎出版社的所有人，他们在这场冒险中陪伴并帮助了我；感谢我研究与学习的地方 —— 帕多瓦大学、RFX 联盟和 DTT 实验研究所的同事们，我在这里学到很多，心存感激。

衷心感谢多年来在我的生命中以各种方式与我密切联系的人，即使我没能提出并强调他们给予的支持。特别感谢安娜玛丽亚和卡洛在这一时期教给我的东西，尤为感谢我最重要的读者 —— 安德烈。

感谢所有慷慨支持并帮助我的人。书中若有差池与不妥之处，都是我本人的问题，应担全责。

呼——这本书的翻译，这一艰巨任务，终于"啃"完了。这是我在写这篇译者后记时脑中跳出的第一个想法。

《丈量世界的7种方式》作为一本科普读物，其科学性和准确性是必要的，这无疑给译者带来了很大的挑战。在翻译过程中，面对许多之前没有深入接触过的科学知识，为保证其准确性，在文本的直接翻译之外，我更是查阅了大量文献资料，这也意外地成为我本人的一大收获。每一次的翻译工作，我都当成是一次"功课"、一次学习的机会，只求能以专注、谨慎、细致的态度做到此时此刻我能做到的最好程度。

　　本书的主要描写对象——7 个国际基本计量单位，可以说是现代人类生活的基础，渗透在我们这个美丽又神秘的世界的方方面面。穿越历史的尘埃，本书生动鲜活地展示出 7 个国际基本计量单位的前世今生，在揭示出物理学的美妙之余，也分别介绍了 7 个国际基本计量单位的确定历程中每一位投入努力的科学家。他们虽性格各有不同，但都拥有对科学的热爱和严谨的精神。他们汲取前人经验，或以前人为鉴，和同僚一起工作，再启发后辈，一位位来自不同时代、不同国家的科学家如同夜空中闪亮的星星，汇成流淌的银河，把人类送往有序的彼岸。虽说米所表示的长度，千克所表示的质量，即使没有人类的提炼，也客观地存在于这个世界，但正是经过一代又一代科学家的努力工作，透过他们无与伦比的智慧，我们才得以用人类独特的方式来计量和理解这个世界。7 个国际基本计量单位往往是人类认识世界的开始，为我们搭造世界观的基石。通过这本书，我们可以看到它们并不是自然的存在，而是人类智慧的结晶，是世界上形而上学的优雅存在。这是我作为本书的译者一步一步地构建、还原此书时怀有的最震撼的感受。

　　这本书所涉及的内容非常广，虽文字不多，但内容不少，极为充实。本书不仅是一本深入浅出的物理启蒙书，而且对于历史、人生、文学、艺术等均有涉猎，且视角独特，语言优美，可读性强，或者说是一种绚烂多彩的呈现。在阅读过程中，你也许会对物理学家普朗克有别样的感受，对开尔文男爵的生平产生兴趣，对普里莫·莱维由时代造就的精彩但悲惨的经历而慨叹。于是，又想找到描写他们的书来读，找到呈现他们的电影来看，通过他们的精彩人生，来丰富自己的人生阅历。

衷心地希望读者能够通过这本书，开启对这一充满魅力的学科的热爱。

多年来，我与女儿合作翻译出版了多套童书及绘本。女儿的参与不仅使作品更加富有童趣，并且在共事的过程中，也让她学会了如何专业地做事情。对于我而言，则更是体验了一种与众不同的母女联结。这本书是我和女儿最紧密的一次合作，翻译本书时，女儿正值高二，在紧张的学习之余，她积极查找资料，而其文字功底也为本书增色不少。

最后，感谢为我提供慷慨帮助的朋友们。海事设计工程师王凯先生、意大利友人雅格布·托尔切洛（Jacopo Torcello），正是他们的热心与专业极大地降低了本书中可能存在的偏差。对本书中还可能存在的错误和疏漏，我难辞其咎。对于安烨等编辑老师的悉心指导和反复校对，我受惠良多，对此心存感激。

黄 鑫

2023 年春于上海

未来，属于终身学习者

我们正在亲历前所未有的变革——互联网改变了信息传递的方式，指数级技术快速发展并颠覆商业世界，人工智能正在侵占越来越多的人类领地。

面对这些变化，我们需要问自己：未来需要什么样的人才？

答案是，成为终身学习者。终身学习意味着永不停歇地追求全面的知识结构、强大的逻辑思考能力和敏锐的感知力。这是一种能够在不断变化中随时重建、更新认知体系的能力。阅读，无疑是帮助我们提高这种能力的最佳途径。

在充满不确定性的时代，答案并不总是简单地出现在书本之中。"读万卷书"不仅要亲自阅读、广泛阅读，也需要我们深入探索好书的内部世界，让知识不再局限于书本之中。

湛庐阅读 App: 与最聪明的人共同进化

我们现在推出全新的湛庐阅读 App，它将成为您在书本之外，践行终身学习的场所。

- 不用考虑"读什么"。这里汇集了湛庐所有纸质书、电子书、有声书和各种阅读服务。
- 可以学习"怎么读"。我们提供包括课程、精读班和讲书在内的全方位阅读解决方案。
- 谁来领读？您能最先了解到作者、译者、专家等大咖的前沿洞见，他们是高质量思想的源泉。
- 与谁共读？您将加入优秀的读者和终身学习者的行列，他们对阅读和学习具有持久的热情和源源不断的动力。

在湛庐阅读 App 首页，编辑为您精选了经典书目和优质音视频内容，每天早、中、晚更新，满足您不间断的阅读需求。

【特别专题】【主题书单】【人物特写】等原创专栏，提供专业、深度的解读和选书参考，回应社会议题，是您了解湛庐近千位重要作者思想的独家渠道。

在每本图书的详情页，您将通过深度导读栏目【专家视点】【深度访谈】和【书评】读懂、读透一本好书。

通过这个不设限的学习平台，您在任何时间、任何地点都能获得有价值的思想，并通过阅读实现终身学习。我们邀您共建一个与最聪明的人共同进化的社区，使其成为先进思想交汇的聚集地，这正是我们的使命和价值所在。

CHEERS

湛庐阅读 App
使用指南

读什么
- 纸质书
- 电子书
- 有声书

怎么读
- 课程
- 精读班
- 讲书
- 测一测
- 参考文献
- 图片资料

与谁共读
- 主题书单
- 特别专题
- 人物特写
- 日更专栏
- 编辑推荐

谁来领读
- 专家视点
- 深度访谈
- 书评
- 精彩视频

HERE COMES EVERYBODY

下载湛庐阅读 App
一站获取阅读服务

Le 7 misure del mondo by Piero Martin
Copyright © 2021, Gius. Laterza & Figli
In arrangement with Niu Niu Culture Limited.
All rights reserved.

浙江省版权局图字：11-2024-012

图书在版编目（CIP）数据

丈量世界的 7 种方式 /（意）皮耶罗·马丁著；黄鑫，
万晟彤译 . — 杭州：浙江科学技术出版社，2024.4
ISBN 978-7-5739-1093-6

Ⅰ . ①丈… Ⅱ . ①皮… ②黄… ③万… Ⅲ . ①物理学－普及
读物 Ⅳ . ① O4-49

中国国家版本馆 CIP 数据核字（2024）第 021619 号

书　　名	丈量世界的7种方式	
著　　者	[意] 皮耶罗·马丁	
译　　者	黄　鑫　万晟彤	

出版发行	浙江科学技术出版社
	地址：杭州市体育场路 347 号　邮政编码：310006
	办公室电话：0571－85176593
	销售部电话：0571－85062597
	E-mail:zkpress@zkpress.com
印　　刷	唐山富达印务有限公司

开　本	710mm × 965mm　1/16	印　张	14.5
字　数	183 千字	插　页	1
版　次	2024 年 4 月第 1 版	印　次	2024 年 4 月第 1 次印刷
书　号	ISBN 978-7-5739-1093-6	定　价	99.90 元

责任编辑	余春亚	**责任美编**	金　晖
责任校对	张　宁	**责任印务**	田　文